JN095192

QA 自治体の下水道に関する法律実務

関係法律／公共下水道事業・整備／工事請負契約／近隣対応

弁護士　本多教義　著

日本加除出版株式会社

はしがき

本書は、公共下水道事業を中心とした下水道事業について、法的観点から、「Q＆A」という体裁で、その内容を解説するとともに、実務上生ずる問題点を説明するものである。

現行の下水道法は、昭和34年４月23日に施行されており、我が国の下水道は、現在、高度な処理技術に基づき広く全国に普及しているが、下水道施設の老朽化の他、近時の気候変動に伴う豪雨への対策などが課題となっている。

また、下水道事業の事業主体に関する議論も行われるに至っているが、現在のところ、基本的には、市町村等の地方公共団体が下水道事業を担っており、下水道事業は、行政活動の一部となっている。ただ、地方公共団体の職員の方々が下水道事業を担当することになった場合、他の行政活動とは異質な点に戸惑いを感じることもあるのではないだろうか。

本書は、「Q＆A」という体裁をとっているが、まずは、下水道事業も行政活動であるという観点から、行政法における考え方に触れながら、その特殊性について意識しつつ、内容についての解説を加えている。必要に応じ水道事業との対比も行った。

加えて、これまで、下水道事業における様々な法的問題について相談を受けてきた経験を踏まえ、実務上生じる問題点に関する「Q＆A」を設定し、説明している。その中には、工事請負契約、近隣対応なども取り上げている。

そのため、「Q＆A」には、下水道事業を説明するために設けたものと実務上の具体的な問題点の両方が取り上げられている。

下水道事業に携わる地方公共団体の職員の方々の中には、事務職の他に様々な技術職の職員の方々がおり、また、人事異動で新たに下水道事業に携わることになった職員の方々、これまで下水道事業に長く携わってきた職員の方々など、その職務や経験は様々であると思う。

本書は、様々な職員の方々が、下水道事業の全体を理解するために読んでいただく他、直面する問題点の解決のために、活用していただけるのではないかと考える。複雑な問題であっても、基本的な事柄の理解を前提に、一つずつ問題点を確認しながら検討することで解決の糸口が見つかるものである。

下水道事業には、地方公共団体の職員の方々の他にも、工事の請負業者や管理の受託会社の方々など、多くの方々が携わっている。本書は、そうした方々にとっても、下水道事業を理解するためや実務上の問題点の解決の一助になることができれば、望外の喜びである。

最後に、引用する条文、判例のチェックや校正を綿密に行っていただいた日本加除出版株式会社編集部鶴崎清香氏に感謝の意を表したい。

2021年６月

本多教義

目　　次

第 1 章
下水道の概要

第2章 下水道法に関係する法律

第 3 章
公共下水道事業

第6　料　金

第 6 章
下水道工事に伴う近隣への対応

第 7 章
下水道施設の管理に伴う問題

第1章

下水道の概要

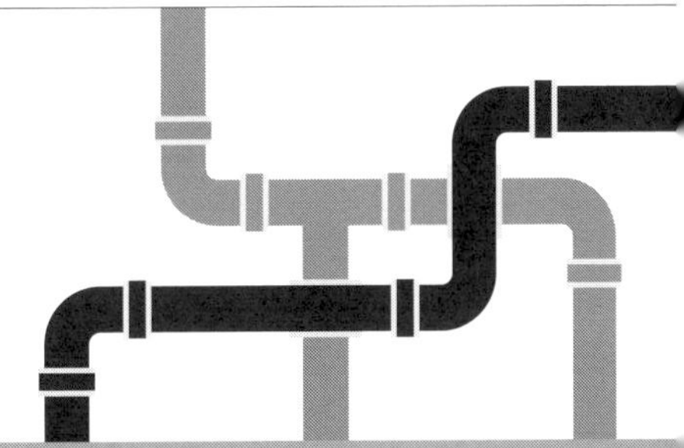

第１ 水道・下水道の成り立ち

1 近代水道，近代下水道は，どのようにしてできたのか。

答 明治時代に人々が都市に集中して，コレラなどの伝染病が流行したことから，近代水道，下水道の建設が始まった。

◆解　説◆

明治11（1878）年，コレラなどの伝染病が蔓延し，明治政府は，明治16（1883）年，上下水道の改良を促す「水道溝渠等改良ノ儀」を東京府に示達しました。

水道については，明治20（1887）年，横浜に日本初の近代水道が完成しました。また，明治23（1890）年，水道敷設促進と水道事業規制を目的に水道条例が制定されました（条例といっても，明治期の法令の形式の１つで，現在の地方公共団体が制定する条例とは異なります。）。

下水道については，「水道溝渠等改良の儀」を受けて，明治17（1884）年，東京の神田下水の建設が始まり，明治18（1885）年，神田下水が建設されました。その後，明治33（1900）年に下水道法（旧下水道法）が制定され，大正11（1922）年，日本初の下水処理場である三河島汚水処分場ができました。

コラム コレラの流行

コレラは，コレラ菌で汚染された食べ物や水を口から摂取することで小腸の中で毒を生み，下痢と嘔吐で体の水分が抜け，死に至ることもある伝染病です。コレラは，もともとインドのガンジス川流域特有の病気で，19世紀に西欧の国々がアジアと交易をするようになってから世界に伝播しました。

1822年，日本に中国経由でコレラ菌が持ち込まれ，西日本で流行し，1858年，長崎に入港したアメリカ軍艦の乗組員がコレラ菌を持ち込み，日本中で大流行しました。

明治10（1877）年には，上海から長崎に持ち込まれ，西南戦争の兵士たちが感染し，郷里に帰国後に全国に流行したといわれています。

2　近代水道とはどのようなものをいうのか。

答　川などから取り入れた水をろ過・消毒し，人の飲用に適する水を鉄管などを通じて圧力を掛けて広い範囲に常時供給する施設のことをいう。

◆解　説◆

近代以前，人々は石や木で造られた水道管（石樋・木樋）を通って上水井戸に導かれた水をくみ上げて飲料水・生活用水として使用しました。

明治に至り，上水路の汚染や木樋の腐朽といった問題が生じ，また消防用水の確保という観点からも，近代水道の創設を求める声が高まり，明治11（1878）年，コレラなどの伝染病が蔓延したこともあり，明治政府は，明治16（1883）年，上下水道の改良を促す「水道溝渠等改良ノ儀」を東京府に示達しました。

近代水道の特徴は，「有圧送水」「ろ過処理」「常時給水」にあるといわれます。また，近代水道の三大発明として，「鋳鉄管」「砂ろ過」「ポンプ」が挙げられています。

明治20（1887）年，横浜で初めて近代水道の給水が始まり，その後，函館，長崎，大阪，東京，神戸と順次，整備されていきました。

水道法においては，「『水道』とは，導管及びその他の工作物により，水を人の飲用に適する水として供給する施設の総体をいう。ただし，臨時に施設されたものを除く。」と定義されています（水道法３条１項）。

3　近代下水道とはどのようなものをいうのか。

答　下水には，雨水，生活雑排水，し尿があるが，日本の近代下水道は，まず，雨水と生活雑排水を排除するために暗渠が作られ，その後，雨水，生活雑排水，し尿を対象とし，下水処理場で処理するようになった。

◆解　説◆

日本の近代下水道の始まりは，東京府が明治17～18（1884～1885）年に神田の一部にレンガ積みの暗渠を整備した神田下水であるといわれています。

明治33（1900）年に汚物掃除法と下水道法（旧下水道法）が制定されました。汚物掃除法では汚物を「塵芥汚泥汚水及屎尿とす」とされましたが，それまで，し尿は肥料とされ，売買の対象となっていたため，ごみの処理は各市が責任を持つことになりましたが，し尿については市の処理義務からはずされていました。

他方，旧下水道法では，「下水道と称するは土地の清潔を保持する為汚水雨水疎通の目的を以て布設する排水管其の他の排水線路及其の附属装置を謂ふ」とされ，下水道で排水するのは生活雑排水と雨水で，し尿は対象ではありませんでした。

昭和33（1958）年に下水道法が抜本的に改正され，し尿も公共下水道の処理の対象である下水に含まれることとなりました。

下水道法においては，「下水」は，「生活若しくは事業（耕作の事業を除く。）に起因し，若しくは付随する廃水（以下「汚水」という。）又は雨水をいう。」と定義され，「下水道」は，「下水を排除するために設けられる排水管，排水渠その他の排水施設（かんがい排水施設を除く。），これに接続して下水を処理するために設けられる処理施設（屎尿浄化槽を除く。）又はこれらの施設を補完するために設けられるポンプ施設，貯留施設その他の施設の総体をいう。」と定義されています（下水道法２条１号・２号）。

4　し尿はどのように処理されてきたか。

答　江戸時代には，し尿は肥料とされ，売買の対象となっていたが，明治になり，公衆衛生の意識が高まり，明治33（1900）年に制定された汚物掃除法においては，「汚物」と位置づけられたが，それまで，し尿は肥料とされ，売買の対象となっていたため，し尿については市の処理義務からはずされた。

昭和33（1958）年に下水道法が抜本的に改正され，屎尿も公共下水道の処理の対象である下水に含まれることとなった。

◆解　説◆

1　明治33（1900）年に制定された汚物掃除法では，し尿は汚物とされました（同法施行規則１条「汚物掃除法に依り掃除すべき汚物は塵芥汚泥汚水及屎尿とす」）。土地所有者には汚物を掃除し清潔を保持する義務が課され（法１条），汚物の処分は市の義務とされましたが（同法３条），し尿は，それまで，肥料とされ，売買の対象となっていたため，当面，市の処理義務からはずされていました（同法施行規則22条）。また，同年に制定された旧下水道法では，「下水」とは「汚水と雨水」を指すとされ（同法１条），「下水道と称するは土地の清潔を保持する為汚水雨水疎通の目的を以て敷設する排水管その他の排水線路及その附属装置をいう」とされ，下水道で排水するのは生活雑排水と雨水で，し尿は対象ではありませんでした。

2　昭和29（1954）年に制定・施行された「清掃法」は，清掃事業を環境衛生施策の基本として，同事業の一貫した体系の樹立を目指すものでした。同法では，清掃事業の体系化，効率化を図るため，清掃事業を市町村の固有事務とする（し尿の処理主体が全国の市町村に拡大）だけでなく，国又は都道府県の事務として処理すべき事項を取り入れ，それぞれの責務が明らかにされました。また，特別区及び市の区域を特別清掃地域とする制度を設けました。

3　昭和33（1958）年に下水道法が抜本的に改正され，し尿も公共下水道の処理の対象である下水に含まれることととなり，公共下水道が整備されている地域においては，し尿も公共下水道で処理されることになりました。

4　昭和45（1970）年に「廃棄物の処理及び清掃に関する法律（廃棄物処理法）」が制定，翌年施行されました。同法では，産業廃棄物以外のし尿やごみなどを一般廃棄物として定義し，従来の特別清掃地域の指定制度を廃して，市町村全域を一般廃棄物処理の対象地域とするとともに，一般廃棄物の処理を市町村が義務的に実施すべきことが原則とされました。また，市町村がし尿処理施設などの一般廃棄物処理施設を計画的に整備することも盛り込まれました。

問 5　下水処理の方式にはどのようなものがあるか。

答　散水ろ床方式と活性汚泥法があるが，現在，日本では，活性汚泥法が多く採用されており，散水ろ床方式はほとんど使われていない。

◆解　説◆

1　散水ろ床方式は，日本初の汚水処分場である三河島汚水処分場で採用されました。生物膜法の一つであり，円形池の中に砕石などのろ材を充填し，ろ材に下水を散布してろ材の表面に付着した生物膜と接触させ，下水を処理する方法です。

これに対し，活性汚泥法は，汚水の中へ空気を送り込み微生物を活性化させ，有機物を分解させ，汚泥によって微生物では分解できない物質を取り込み，活性汚泥を沈降させ，上澄み液を放流するという方法であり，昭和５（1930）年に名古屋市の下水処理場で採用されました。

2　散水ろ床方式は，流入下水の負荷変動に強い，汚泥の返送などがないために維持管理が容易，温度の影響を受けにくい，また，建設費や維持管理費が安いなどの長所を有していますが，臭気やろ床バエが発生する，ろ床から剥離した微細な浮遊物により処理水の透視度が低い，施設の必要面積が大きいなどの短所があるため，現在，我が国ではほとんど使われていません。

3　下水道法においては，公共下水道について，政令や条例で定める構造の基準に適合することが求められており（下水道法７条），終末処理場に係る政令は，下水道法施行令５条の５が定めています。

第２　下水道の役割

6 | 下水道の役割はどのように変遷してきたか。

答　下水道は当初，「土地の清潔の保持」を目的としたが，その後，「都市の健全な発達」，「公衆衛生の向上」を目的とするようになり，「公共用水域の水質の保全」が加えられた。

現代では，エネルギーの有効活用，施設の上部空間の利用などにより，良好な都市環境の創出という面の役割も担うようになっている。

◆解　説◆

明治期に入り，コレラの流行等から，明治33（1900）年に旧下水道法が制定され，「土地の清潔の保持」を目的に下水道整備が始まりました。

第二次世界大戦後，生活環境への関心の高まりから，昭和33(1958）年，「都市の健全な発達」，「公衆衛生の向上」を目的とする現行の下水道法が制定されました。

その後，公害問題をはじめとする河川，海等の公共水域の水質悪化から，昭和45（1970）年には，下水道法が改正され，「公共用水域の水質の保全」が目的に追加されました。

現代では，エネルギーの有効活用，施設の上部空間の利用などにより，良好な都市環境の創出という面の役割も担うようになっています。

7　今日の下水道に新たに期待される役割にはどのようなものがあるか。

答　処理水や汚泥の再利用，発熱などの有効利用，下水道管への光ファイバーの設置，施設の上部空間の有効活用などの付加的な役割が求められている。

◆解　説◆

下水道法１条に規定される「都市の健全な発達」，「公衆衛生の向上」「公共用水域の水質の保全」という基本的な目的のほか，省エネ・リサイクル型社会，情報化社会などの社会状況に対応した新たな役割が期待され，近年の集中豪雨への対応など，雨水への新たな対応も求められています。

具体的には，処理水を雑用水や水辺の創出に利用することや，汚泥をセメント原料などへの資源化などの再利用や冷暖房の熱源として有効利用すること，下水道管への光ファイバーの設置，施設の上部空間を有効活用したまちづくりへの貢献などの付加的な役割が求められている。

これらに対応すべく，下水道法の改正が行われています。

例えば，維持管理の観点から原則として，物件を設置することができないとされている下水道の暗渠である構造部分に，現在では，光ファイバー等の電線等や熱交換器を設置することができることとなっています（下水道法24条３項３号ロ，ハ）。

コラム　「中水道」とは何か。

下水道の再生水や雨水などを水洗トイレ洗浄水，修景，散水，洗車，冷暖房水などの雑用水に利用することを上水道，下水道との対比の中で，「中水道」ということがあります。

第３　公共下水道等

１◆公共下水道

８　下水道法における「下水」とは何か。

答　下水道法において，「下水」は，「生活若しくは事業（耕作の事業を除く。）に起因し，若しくは付随する廃水（以下「汚水」という。）又は雨水をいう。」と定義されている（下水道法２条１号）。

◆解　説◆

「下水」というと，一般に，生活雑排水，し尿，雨水が思い浮かびますが，下水道の整備を図るために制定されている下水道法においては，「生活若しくは事業（耕作の事業を除く。）に起因し，若しくは付随する廃水（以下「汚水」という。）又は雨水をいう。」と定義されています（下水道法２条１号）。

生活雑排水，し尿，雨水は，下水道法上も下水に含まれることになります。

９　ビルの建築工事中に発生する湧水は下水道法２条１号にいう「汚水」か。

答　土地を掘削する工事中に湧水が出てきた場合，事業に起因，付随する廃水であるといえ，下水道法２条１号にいう「汚水」に該当する。

◆解　説◆

土地を掘削する工事中に湧水が出てきた場合，工事そのものに使用した水ではありませんが，ビルを建設するという事業に起因，あるいは付随する廃水であるといえ，下水道法２条１号にいう「生活若しくは事業（耕作の事業を除く。）に起因し，若しくは付随する廃水（以下「汚水」という。）」に該当します。

そのため，工事中に出てきた湧水を公共下水道に排出した場合には，下水道使用料の徴収の対象となります（下水道法20条）。

問 10 公共下水道とは何か。

答 下水道法において，公共下水道とは，①「主として市街地における下水を排除し，又は処理するために地方公共団体が管理する下水道で，終末処理場を有するもの又は流域下水道に接続するものであり，かつ，汚水を排除すべき排水施設の相当部分が暗渠である構造のもの」，②「主として市街地における雨水のみを排除するために地方公共団体が管理する下水道で，河川その他の公共の水域若しくは海域に当該雨水を放流するもの又は流域下水道に接続するもの」と定義されている（下水道法２条３号）。後者を「雨水公共下水道」と呼ぶ。

◆解　説◆

下水道法において，「下水道」は，「下水を排除するために設けられる排水管，排水渠その他の排水施設（かんがい排水施設を除く。），これに接続して下水を処理するために設けられる処理施設（屎尿浄化槽を除く。）又はこれらの施設を補完するために設けられるポンプ施設，貯留施設その他の施設の総体をいう。」とされています（下水道法２条２号）。

そして，一定の要件に該当する下水道を「公共下水道」としており，「公共下水道」には，①いわゆる「狭義の公共下水道」と②「雨水公共下水道」とがあります。

狭義の公共下水道は，ⅰ主として市街地における下水を排除等する，ⅱ地方公共団体が管理する，ⅲ終末処理場か流域下水道に接続する，ⅳ排水施設の相当部分が暗渠であるものをいいます。

また，雨水公共下水道は，ｉ主として市街地における雨水のみを排除する，ⅱ地方公共団体が管理する，ⅲ河川その他の公共の水域若しくは海域に当該雨水を放流するか，流域下水道に接続するものをいいます（下水道法２条３号）。

〔図〕公共下水道の仕組み

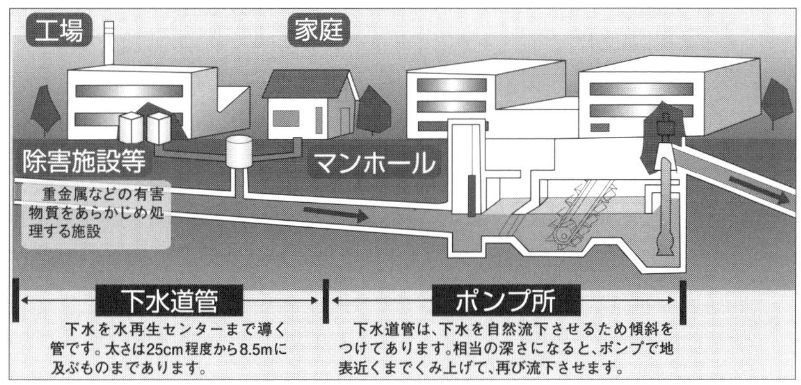

出典：東京都下水道局「東京都の下水道2020」２頁

コラム　「開渠」と「暗渠」

開渠とは，地上部に造られた水路のことで，蓋などで覆われていない状態のものをいいます。

これに対し，暗渠とは，地中に埋設された水路をいいます。

問 11 ｜ 公共下水道の分流式と合流式とは何か。

答　下水の排除形式の違いであり，汚水と雨水を別々の管渠系統で排除するものを「分流式」，汚水と雨水を同一の管渠系統で排除するものを「合流式」という。

◆解　説◆

分流式は，汚水を処理せずに公共用水域に放流することがありません。

これに対し，合流式は，同じ管渠で汚水と雨水を排水することができ，分流式に比べて施工が容易ですが，雨天時に流下流量が増え，一定の流量を超えると，超過した汚水を含んだ雨水を公共用水域に直接放流する構造となっています。

合流式下水道の改善対策として，平成15年の政令改正により，合流式下水道の雨水吐の構造の技術上の基準（下水道法７条，同法施行令５条の４）及び放流水の水質の技術上の基準（下水道法８条，同法施行令６条２項）が定められました。

合流式下水道の改善として，降雨初期の特に汚れた下水を貯留して雨が止んだ後に終末処理場に送水する貯留施設の整備や終末処理場において汚濁物をより早く除去することのできる高速ろ過施設の整備などが図られています。

〔図〕合流式と分流式

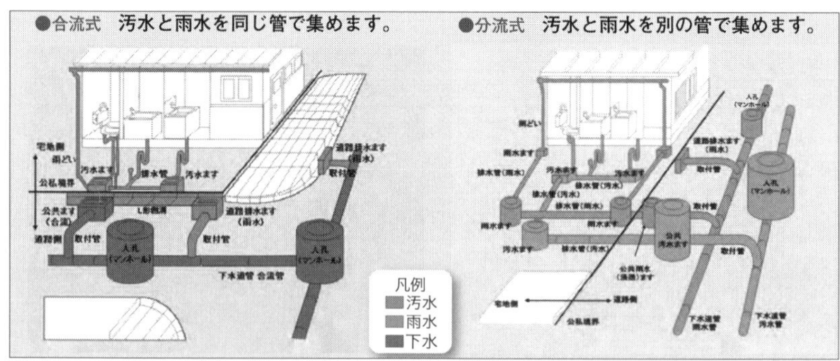

出典：東京都下水道局「東京都の下水道2020」２頁

問 12 ｜ 終末処理場とは何か。

下水道法において，終末処理場とは，「下水を最終的に処理して河

川その他の公共の水域又は海域に放流するために下水道の施設として設けられる処理施設及びこれを補完する施設をいう。」とされている（下水道法２条６号）。

◆解　説◆

下水道法における終末処理場は，汚水を浄化して河川等の公共水域又は海域に放流するための下水道の施設をいいます。

活性汚泥法を採用した終末処理場を図示すれば，以下のとおりです。

〔図〕活性汚泥法を採用した終末処理場

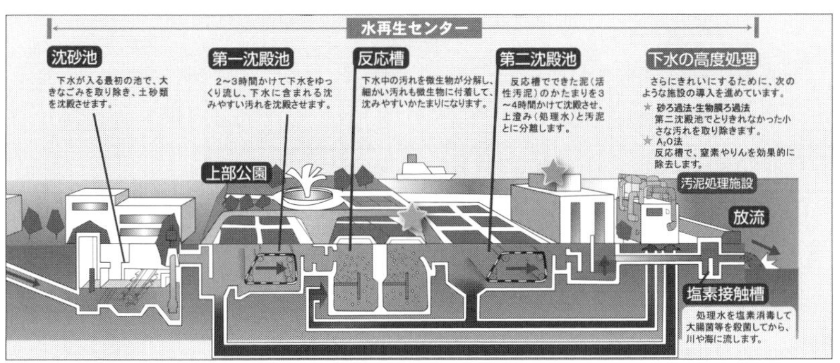

出典：東京都下水道局「東京都の下水道2020」２・３頁

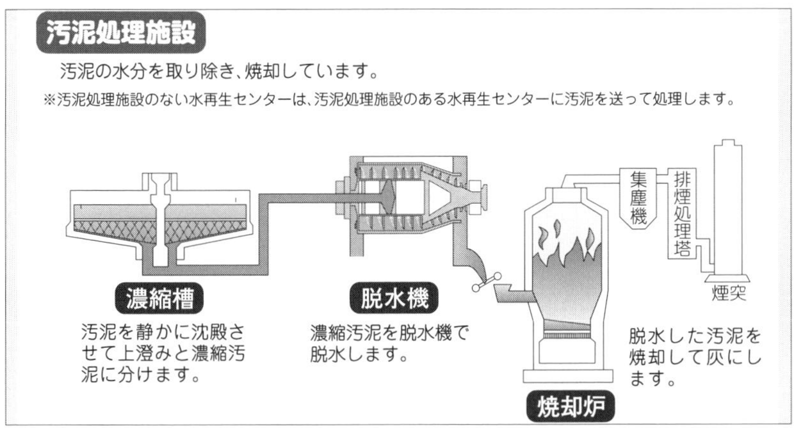

出典：東京都下水道局「東京都の下水道2019」２・３頁

13 「雨水公共下水道」制度はどのような目的，内容のものか。

答　平成27（2015）年の下水道法改正により，多発する浸水被害への対応として，主として市街地における雨水のみを排除するために，河川その他の水域もしくは海域に雨水を放流するもの又は流域下水道に接続するものを雨水公共下水道として整備しようとするものである。

そのため，雨水公共下水道は，終末処理場は有しない。

◆解　説◆

平成27（2015）年の下水道法改正において，新たに雨水の排除に特化した「雨水公共下水道制度」が創設されました。この制度は，「人口減少等の社会情勢の変化を踏まえた都道府県構想の見直しの推進について」（平成19年９月）の通知以前に，都道府県構想において汚水処理と雨水排除を公共下水道で実施することを予定していた地域のうち，効率的な整備手法の見直しの結果，汚水処理方式を下水道から浄化槽等へ見直した地域において，雨水の排除のみを実施する制度です。区域の設定に当たっては，人口減少等に対応した都市再生特別措置法に基づく立地適正化計画やコンパクトシティ等の長期的なまちづくりとの調整を図ることが必要であるとされています。

コラム　都道府県構想

都道府県構想とは，厚生省，農林水産省，建設省の連名により発出された平成７年12月19日付け通知「汚水処理施設の整備に関する構想策定の基本方針について」に基づき，都道府県が作成している汚水処理施設整備に関する総合的な構想であり，法令に基づくものではありません。

都道府県構想は，各都道府県が市町村の意見を反映して策定します。

各種の汚水処理施設の有する特性，水質保全効果，経済性，汚泥の処理等の将来管理，汚水処理施設整備の緊急性等を総合的に勘案し，地域の実情に応じた効率的かつ適正な整備手法を選定することとされており，社会情勢の変化等により随時，見直すことが予定されています。

14 「特定公共下水道」とは何か。

答　公共下水道のうち，「特定の事業者の事業活動に主として利用される公共下水道」を「特定公共下水道」という（下水道法施行令24条の２第１項１号イ）。

◆解　説◆

公共下水道のうち，特定の事業者の事業活動に主として利用されるものを「特定公共下水道」といいます（下水道法施行令24条の２第１項１号イ）。具体的には，当該下水道の計画汚水量のうち，事業者の事業活動に起因し，又は附随する計画汚水量がおおむね２／３以上を占めるものとされています（下水道法の一部を改正する法律の施行について（昭和46年11月10日建設省都下企発第35号））。

特定公共下水道は公害防止事業費事業者負担法の対象である公害防止事業とされています（同法２条２項４号，同法施行令１条４項１号）。

公害防止事業費事業者負担法は，公害防止事業に要する費用の事業者負担に関し，公害防止事業の範囲，事業者の負担の対象となる費用の範囲，各事業者に負担させる額の算定その他必要な事項を定めるものです。

特定公共下水道の設置についての事業者の負担総額は，同法４条３項，同法施行令３条４項によることとなります。そして，個別の事業者の負担額は，各事業者の事業活動が当該特定公共下水道に係る水質汚濁の原因となると認められる程度に応じ負担総額を配分した額となります（同法５条）。

事業者から徴収する使用料は，政令で定める基準に従い，当該事業者が同法の規定に基づいてした費用の負担を勘案して定めなければなりません（下水道法20条３項）。

コラム　通達，通知，技術的助言

一般に，「通達」とは，国などの行政内部において，上級行政機関から下級行政機関に対して，法令の解釈・運用方針等を指示することであるとされています。一方で，「通知」とは，特定の相手方に対して，一定の事実又は処分等を知らせることであり，例えば国から県へ，又は県から事業者等へ発出するものがあります。

これまで，普通地方公共団体が国の機関として行う機関委任事務の制度があり，機関委任事務において国と普通地方公共団体の関係は上級行政機関と下級行政機関の関係にあったことから，国から普通地方公共団体に対しても様々な通達が発せられていました。上記「昭和46年11月10日建設省都下企発第35号」というのは，発せられた通達に付せられた文書番号を示しています。「都下企」は建設省の中の所管部署を省略して標記しており，「発」は文書を発したことを示しています。

平成11（1999）年の地方分権の推進を図るための関係法律の整備等に関する法律による地方自治法の改正により，機関委任事務が廃止され，国と普通地方公共団体が上級行政機関と下級行政機関の関係にあることはなくなったため，国から普通地方公共団体に対し通達が発せられることはなくなりました。ただし，国は，地方自治法245条の４第１項の規定に基づき，地方公共団体の事務について，技術的助言，勧告，資料の提出を求めることができるとされており，これらを通知という方法で行っています。

問15　「特定環境保全公共下水道」とは何か。

答　法律上は公共下水道であるが，予算上の概念として，市街化区域（市街化区域が設定されていない都市計画区域にあっては，既市街地及びその周辺の地域をいう。俗にいう白地の都市計画区域の人口密集地域を指す。）以外の区域において設置される公共下水道を指して，「特定環境保全公共下水道」という。

◆解　説◆

狭義の公共下水道は，主として市街地における下水を排除等するものですが（下水道法２条３号），予算上の概念として，市街化区域（市街化区域が設定されていない都市計画区域にあっては，既市街地及びその周辺の地域をいう。俗にいう白地の都市計画区域の人口密集地域を指す。）以外の区域において設置される公共下水道を指して，「特定環境保全公共下水道」といいます。

具体的には，自然公園法２条に規定されている自然公園の区域内の水域の水質を保全するために施行されるもの（自然保護下水道），又は，公共下水道の整備により生活環境の改善を図る必要がある区域において施行されるもの（農村漁村下水道）及び，処理対象人口がおおむね1,000人未満で水質保全上特に必要な地区において施行されるもの（簡易な公共下水道）を指します。

問16　公共下水道の設置・管理の主体はだれか。

答　公共下水道の設置･管理は，原則として市町村が行うが，２以上の市町村が受益し，かつ，関係市町村のみでは設置することが困難であると認められる場合には，都道府県がこれを行うことができる。

平成３年度から，過疎地域活性化特別措置法に基づく特例として，過疎地域のうち，一定の要件を満たす市町村については，幹線管渠等の根幹的部分の設置を都道府県が代行できるようになった。

◆解　説◆

下水道法３条１項において「公共下水道の設置，改築，修繕，維持その他の管理は，市町村が行うものとする。」とされています。

また，同条２項において，「前項の規定にかかわらず，都道府県は，二以上の市町村が受益し，かつ，関係市町村のみでは設置することが困難であると認められる場合においては，関係市町村と協議して，当該公共下水道の設置，改築，修繕，維持その他の管理を行うことができる。この場合において，関係市町村が協議に応じようとするときは，あらかじめその議会の議決を経なければならない。」とされています。

また，過疎地域活性化特別措置法の改正により，平成３年度から，過疎地域のうち一定の要件を満たす市町村については，幹線管渠，終末処理場等の根幹的部分の設置を都道府県が代行できるようになりました。その後，過疎地域活性化特別措置法は廃止され，現在は，新たに制定された過疎地域自立促進特別措置法15条に規定されています。

コラム　東京23区の公共下水道

地方自治法は，東京23区の特別区が基礎的自治体であることを規定し（同法281条の２第２項），特別区には特別の定めをするものを除き，地方自治法の市に関する規定が適用され（283条１項），他の法令の市に関する規定や市が処理することとされている事務については特別区に適用するとされています（283条１項・２項）。市町村が処理する事務のうち，特別区の存する区域を通じて都が一体的に処理することが必要であると認められる事務の処理権限は都に与えられています（282条の２第１項）。

下水道法の適用に関しては，下水道法42条に次のとおり規定されています。「特別区の存する区域においては，この法律の規定（第25条の10第２項，第25条の11第２項及び第３項並びに第31条の２の規定を除く。）中「市町村」とあるのは，「都」と読み替えるものとする。

２　前項の規定にかかわらず，特別区は，都と協議して，主として当該特別区の住民の用に供する下水道の設置，改築，修繕，維持その他の管理を行うものとする。」

下水道法42条２項によると，特別区における下水道の設置，管理の主体は特別区であるようにも思われますが，下水道法の一部改正（昭和49年６月１日法律第71号）の附則15条１項は，経過措置として，「前条の規定による改正後の下水道法第42条第２項の規定により特別区が処理するものとされる主として当該特別区の住民の用に供する下水道の設置，改築，修繕，維持その他の管理に関する事務は，同項の協議において定める日までの間は，同項の規定にかかわらず，従前の例により都が処理するものとする。」と規定しており，現在に至るまで，協議による定めはなく，特別区における下水道の設置，管理は都が行っています。

コラム　経過措置

法令が改正された場合に，当該事実について，新旧法令のいずれが適用されるのか，旧法に基づき行われた事実は新法施行後も有効なのかなどが問題となります。

そのため，法令が改正される場合に，法令の附則に「経過措置」が規定されることがあります。

「経過措置」といっても様々な内容があり，新旧法令の適用関係や従来の法令による行為の効力，罰則の適用に関する経過的な取扱いなどがあります。

2 ◆ 公共下水道以外の下水道処理

問17　公共下水道の他に下水を処理する施設はあるか。

答　下水を処理する施設として，農業集落排水施設，漁業集落排水施設，特定地域生活排水施設，個別排水処理施設がある。いずれも，水質汚濁防止法における特定施設を設置する特定事業場となるので，水質汚濁防止法に基づく排水基準が適用されるほか，浄化槽に該当する必要がある。

◆解　説◆

し尿，生活雑排水等の汚水を処理する施設としては，農業集落排水施設，漁業集落排水施設，特定地域生活排水施設，個別排水処理施設があります。

いずれも，水質汚濁防止法に定める特定施設（同法２条２項，同法施行令１条，別表第１）を設置する特定事業場（同法２条６項）であるので，水質汚濁防止法に基づく排水基準が適用されるほか，いずれの施設も終末処理場ではなく，廃棄物の処理及び清掃に関する法律８条に基づくし尿処理施設でもないので，浄化槽法３条により，浄化槽に該当する必要があります。

問 18　農業集落排水施設，漁業集落排水施設とは何か。

答　農業集落排水施設，漁業集落排水施設は，それぞれ，農業集落，漁業集落におけるし尿，生活雑排水などの汚水等を処理する施設を整備するものである。

◆解　説◆

農業集落排水施設の整備は，農業用排水の水質の汚濁を防止し，農村地域の健全な水循環に資するとともに，農村の基礎的な生活環境の向上を図り，さらには処理水の農業用水への再利用や汚泥の農地還元を行うことにより，農業の特質を生かした環境への負荷の少ない循環型社会の構築に貢献するものとされています。

また，漁業集落排水施設は，漁港及び漁場の水域環境と漁業集落の生活環境等の改善を図ると同時に個性的で豊かな漁村の再生を支援し，もって，水産業及び漁村の健全な発展に資することを目的とするものです。

問 19　特定地域生活排水施設，個別排水処理施設の整備事業とは何か。

答　特定地域生活排水施設の整備事業は，生活排水処理を緊急に促進する必要がある地域において，地域を単位として合併処理浄化槽の計画的な整備を図るため，国が，市町村が設置主体となって合併処理浄化槽の整備を行うのに必要な費用を助成する事業である。

個別排水処理施設は，市町村が地方単独事業として実施する合併処理浄化槽の整備事業である。

◆解　説◆

特定地域生活排水施設は，市町村（一部事務組合を含む。）が設置主体となって戸別（共同住宅にあっては，当該共同住宅１棟をもって１戸とする。）の合併処理浄化槽を特定の地域を単位として整備し，し尿と雑排水（工場排水，雨水その他の特殊な排水を除く。）を併せて処理することにより，生活環境の保全及び公衆衛生の向上に寄与することを目的とするものであり，国からの補助があるものです。

これに対し，個別排水処理施設の整備は，市町村が国からの補助を受けることなく，公共下水道整備区域外の地域を個別排水処理区域と定め，合併処理浄化槽で生活排水を処理する施設を整備するものです。

コラム　一部事務組合，広域連合

一部事務組合は，複数の市町村等の地方公共団体が，その事務の一部を共同処理することを目的として設置する特別地方公共団体です（地方自治法284条２項）。

共同処理の方法としては，一部事務組合のほかに広域連合があります（地方自治法291条の２）。広域連合は，複数の市町村等の地方公共団体が，広域にわたる総合的な計画（広域計画）を作成して，その実施のために連絡調整を図り，その事務の一部を処理するために設置する団体です。一部事務組合と比較して，国，都道府県から直接に権限等の委任を受けることができることや，直接請求が認められているなどの相違があります。

一部事務組合と広域連合は，いずれも地方公共団体の組合であり（地方自治法284条１項），特別地方公共団体の一つであるから（同法１条の３第３項），法人です（同法２条１項）。

問20 浄化槽とは何か。

答 浄化槽とは，微生物の働きなどを利用して汚水を浄化し，きれいな水にして放流するための施設をいう。

浄化槽は，下水道には含まれない（下水道法２条２号）。

◆解　説◆

公共用水域等の水質の保全等の観点から浄化槽によるし尿及び雑排水の適正な処理を図り，もって生活環境の保全及び公衆衛生の向上に寄与することを目的として，浄化槽の設置，保守点検，清掃及び製造について規制するなどを内容とする浄化槽法が制定されています。

浄化槽法には，浄化槽の設置，浄化槽の保守点検・清掃，浄化槽処理促進区域などが規定されています。

浄化槽には，単独処理浄化槽，合併処理浄化槽があります。

問21 単独処理浄化槽，合併処理浄化槽とは何か。

答 水洗トイレからの汚水だけを処理する浄化槽を単独処理浄化槽，水洗トイレからの汚水に加え，台所排水，浴室排水，洗濯排水などの生活雑排水を一緒に処理する浄化槽を合併処理浄化槽という。

◆解　説◆

単独処理浄化槽では，水洗トイレからの汚水だけを処理し，生活雑排水を未処理で放流することになります。

そのため，浄化槽法では，平成13年４月１日以降，合併処理浄化槽を浄化槽と定義しています（同法２条１号）。

問22　浄化槽の設置等について，どのような規制がされているか。

答　浄化槽法により，公共用水域等の水質の保全等の観点から浄化槽によるし尿及び雑排水の適正な処理を図り，もって生活環境の保全及び公衆衛生の向上に寄与することを目的として，浄化槽の設置，保守点検，清掃及び製造について規制されている。

終末処理下水道又は廃棄物処理法８条に基づくし尿処理施設で処理する場合を除き，浄化槽で処理した後でなければ屎尿を公共用水域等に放流してはならないとされている（浄化槽法３条）。

◆解　説◆

浄化槽法は，浄化槽について，「便所と連結してし尿及びこれと併せて雑排水（工場廃水，雨水その他の特殊な排水を除く。以下同じ。）を処理し，下水道法（昭和33年法律第79号）第２条第６号に規定する終末処理場を有する公共下水道（以下「終末処理下水道」という。）以外に放流するための設備又は施設であって，同法に規定する公共下水道及び流域下水道並びに廃棄物の処理及び清掃に関する法律（昭和45年法律第137号）第６条第１項の規定により定められた計画に従って市町村が設置したし尿処理施設以外のものをいう。」と定義し，合併処理浄化槽を浄化槽としています。

その上で，廃棄物処理法８条に基づくし尿処理施設で処理する場合を除き，浄化槽で処理した後でなければし尿を公共用水域等に放流してはならないとされています（浄化槽法３条）。

そこで，し尿を排出するには，公共下水道で排出するか，廃棄物処理法に基づくし尿の運搬，処理の許可業者にくみとりを依頼しない限り，浄化槽を設置して処理する必要があります。

また，単独処理浄化槽では，生活雑排水を未処理で放流することになるため，浄化槽法の改正により，平成13（2001）年４月１日以降，合併処理浄化槽を浄化槽と定義しています。ただし，経過措置として，改正時に現に設置されていた単独浄化槽については浄化槽とみなし，合併浄化槽設置の努力義務を課しています（同法平成12年改正法附則２条，３条）。

問 23 浄化槽を設置するには，どのような手続が必要か。

答 家の新築と同時に浄化槽を設置する場合には，建物の建築の際に必要な建築確認の対象となる。

建築確認の対象でない場合には，浄化槽法に基づく届け出が必要である。

◆解　説◆

建物を建築する場合には，建築計画が建築基準関係規定に適合するものであることについて建築主事等の確認を受けなければなりません（建築基準法６条，６条の２）。

この点，建築基準法31条２項は，「便所から排出する汚物を下水道法第２条第６号に規定する終末処理場を有する公共下水道以外に放流しようとする場合においては，屎尿浄化槽（その構造が汚物処理性能（当該汚物を衛生上支障がないように処理するために屎尿浄化槽に必要とされる性能をいう。）に関して政令で定める技術的基準に適合するもので，国土交通大臣が定めた構造方法を用いるもの又は国土交通大臣の認定を受けたものに限る。）を設けなければならない。」と規定しており，建物を建築する際に浄化槽を設置する場合には，建築確認の際，この規定に適合することについて，建築主事等の確認を受けなければなりません。

建築確認の対象でない場合には，浄化槽法５条に基づき，都道府県知事及び特定行政庁に届け出る必要があります。

コラム 建築主事，特定行政庁

1　建築主事

建物を建築する場合には，建築計画が建築基準関係規定に適合するものであることを建築主事又は建築確認検査機関の確認を受けなければなりません（建築基準法６条，６条の２）。

政令で定める人口25万以上の市は，必ず建築主事を置かなければなりません。それ以外の市町村においても建築主事を置くことができます（建築基準法４条１項・２項)。都道府県は建築主事を置く市町村の区域外における建築確認を行わせるために建築主事を置かなければなりません（同条５項)。

建築主事は，職員で，建築基準適合判定資格者検定に合格し，国土交通大臣の登録を受けた者のうちから任命されます（同条６項)。

なお，指定確認検査機関は，国土交通大臣や都道府県知事が指定する民間の建築確認等を行う法人です（建築基準法６条の2, 77条の18〜77条の35)。

2　特定行政庁

基本的には，「建築主事を置く市町村の区域については当該市町村の長をいい，その他の市町村の区域については都道府県知事をいう。」とされています（建築基準法２条35号)。

特定行政庁は，建築基準法に規定された許可や命令などを行います。

問 24　「公共用水域」，「公共の水域」，「公共用水域等」とは何か。

答　公共用水域については，水質汚濁防止法に定義があり，「『公共用水域』とは，河川，湖沼，港湾，沿岸海域その他公共の用に供される水域及びこれに接続する公共溝渠，かんがい用水路その他公共の用に供される水路（下水道法（昭和三十三年法律第七十九号）第二条第三号及び第四号に規定する公共下水道及び流域下水道であって，同条第六号に規定する終末処理場を設置しているもの（その流域下水道に接続する公共下水道を含む。）を除く。）をいう。」とされている（水質汚濁防止法２条１項)。

また，下水道法においては，公共下水道の定義に関する規定において「河川その他の公共の水域若しくは海域」という表現がある（下水道法２

条３号ロ)。

浄化槽法においては，「公共用水域等」という言葉が使われている（浄化槽法３条)。

◆解　説◆

「公共用水域」については，水質汚濁防止法に定義があり，河川，湖沼，港湾，沿岸海域その他公共の用に供される水域及びこれに接続する公共溝渠（こうきょ），かんがい用水路その他公共の用に供される水路とされています。ただし，公共下水道及び流域下水道であって終末処理場を設置しているものは除かれています。

下水道法においては，公共下水道の定義に関する規定において「河川その他の公共の水域若しくは海域」という表現が使われています（下水道法２条３号ロ)。

浄化槽法においては，「何人も，終末処理下水道又は廃棄物の処理及び清掃に関する法律第８条に基づくし尿処理施設で処理する場合を除き，浄化槽で処理した後でなければ，し尿を公共用水域等に放流してはならない。」と定められていますが（同法３条１項)，「公共用水域等」についての定義はなく，「公共用水域」とは水質汚濁防止法に定義される「公共用水域」をいうのか，また，「等」にどのようなものが入るのか，必ずしもはっきりしません。

コラム　法令における「その他の～」と「その他～」との違い

下水道法２条３号ロに「河川その他の公共の水域」とあり，水質汚濁防止法２条１項に「「公共用水域」とは，河川，湖沼，港湾，沿岸海域その他公共の用に供される水域…」とあります。

ここで，「河川その他の公共の水域」というのは，河川が公共の水域の一つに含まれ，その例示であるという意味です。

これに対し，「河川，湖沼，港湾，沿岸海域その他公共の用に供される水域」というのは，「公共の用に供される水域」に「河川，湖沼，港湾，沿岸海域」が含まれるのではなく，「河川，湖沼，港湾，沿岸海域」と「公共の用に供される水域」とが並列していることを意味します。

問 25　浄化槽によって処理された処理水はどこに排出されるか。また，処理水の排出基準はどうなっているか。

答　側溝や農業用水路などに排出される。

浄化槽の放流水の水質については，建築基準法，浄化槽法が定めている。

◆解　説◆

浄化槽で処理した水は，公共用水域等に排水することができます。

実際には，河川等に直接排出するほか，道路管理者が雨水を処理するために道路脇に設置する側溝や農業用水路などにそれぞれの管理者の承諾を得て排出している場合が多いと思われます。

浄化槽の放流水の水質については，浄化槽法４条１項，同法施行規則１条の２，建築基準法31条２項，同法施行令32条が定めているほか，特定施設を設置する特定事業場からの排水とされる場合は水質汚濁防止法の排水基準が適用されます。

問 26　し尿と生活雑排水はどのようにして公共用水域に排出されるか。

答　①くみとり便所の場合は，し尿はくみとり便所からし尿処理施設に運ばれて処理され，公共用水域に排出され，生活雑排水は処理されずに公共用水域に排出される。

②合併浄化槽の場合は，し尿と生活雑排水は合併浄化槽で処理され，公共用水域に排出される。

③公共下水道の場合は，し尿と生活雑排水は公共下水道の終末処理場で処理され，公共用水域に排出される。

④農業集落排水事業の場合は，し尿と生活雑排水は農業集落排水施設で処理され，公共用水域に排出される。

◆解　説◆

水質汚濁防止法は特定施設を有する事業場（特定事業場）から公共用水域に排出される水について，排水基準以下の濃度で排水することを義務付けています（同法３条）。

し尿処理施設は，特定事業場ですから，公共用水域への排水には排水基準が適用されます。

ただ，生活雑排水については特定事業場から排出されるものではないので，水質汚濁防止法の排水基準は適用されず，くみとり便所の場合の生活雑排水は規制されずに公共用水域に排出されてしまうのです。

そのため，浄化槽を設置してし尿を処理し，その処理水を公共用水域に排出しようとする場合は，し尿だけを処理する単純浄化槽ではなく，生活雑排水も処理する合併浄化槽の設置を義務付けることにしているのです（問22参照）。

公共下水道が整備された場合には，し尿と生活雑排水のいずれもが公共下水道に排水され，終末処理場で処理されることになり，終末処理場は特定事業場なので，終末処理場から公共用水域に排水される際に，下水道法の排水基準とともに水質汚濁防止法の排水基準が適用されます。

農業集落排水事業の場合も，し尿と生活雑排水のいずれもが農業集落排水施設に排出され，農業集落排水施設で処理されることになり，農業集落排水施設は浄化槽であり，水質汚濁防止法上の特定事業場なので，農業集落排水施設から公共用水域に排水される際に，浄化槽法及び水質汚濁防止法の排水基準が適用されます。

問27　公共下水道が整備された場合，公共下水道以外の下水道処理方法による下水処理をそのまま継続することができるか。

答　公共下水道が供用開始された場合には，土地の所有者等は，遅滞なく排水設備を設置しなければならない。

また，くみとり便所は，公共下水道の供用開始後３年以内に水洗便所にしなければならない。

◆解　説◆

公共下水道管理者は，公共下水道の供用を開始しようとするときは，あらかじめ，供用を開始すべき年月日，下水を排除すべき区域その他国土交通省令で定める事項を公示し，かつ，これを表示した図面を当該公共下水道管理者である地方公共団体の事務所において一般の縦覧に供しなければなりません（下水道法９条１項）。

そして，公共下水道の供用が開始された場合においては，当該公共下水道の排水区域内の土地の所有者，使用者又は占有者は，遅滞なく，その土地の下水を公共下水道に流入させるために必要な排水管，排水渠（きょ）その他の排水施設（以下「排水設備」という。）を設置しなければなりません。

設置義務者は，建築物の敷地である土地にあっては，当該建築物の所有者，建築物の敷地でない土地にあっては，当該土地の所有者，道路その他の公共施設（建築物を除く。）の敷地である土地にあっては，当該公共施設を管理すべき者とされています（下水道法10条１項）。

また，くみとり便所は，公共下水道の供用開始後３年以内に水洗便所にしなければなりません（下水道法11条の３）。

問 28　公共下水道の供用開始の公示は，どのような内容を公示するのか。

答　供用を開始すべき年月日，下水を排除すべき区域その他国土交通省令で定める事項を公示することとされている（下水道法９条１項）。国土交通省令においては，「供用を開始しようとする排水施設の位置」，「供用を開始しようとする排水施設の合流式又は分流式の別」が挙げられている。

終末処理場による下水の処理を開始する場合は，「下水の処理を開始すべき年月日」，「下水を処理すべき区域」，「下水の処理を開始しようとする当該公共下水道の終末処理場の位置及び名称」が加わることとなる（下水道法９条１項・２項，昭和42年12月19日厚生省・建設省令第１号下水の処理開始の公示事項等に関する省令）

◆解　説◆

公共下水道の供用開始がされた場合には，当該排水区域内の土地の所有者等は，遅滞なく，排水設備を設置する義務が生じ（下水道法10条），処理区域が公示された場合には処理を開始すべき日から３年以内に水洗便所に改造しなければならない義務が生じます（下水道法11条の３）。

公共下水道の供用開始の公示は，関係する者に対し，あらかじめ，供用開始を公示し，周知を図るものです。

公示と併せ，公示事項を表示した図面が当該公共下水道管理者である地方公共団体の事務所において一般の縦覧に供されます（下水道法９条）。

29　公共下水道の供用開始の公示は，どのような方法によるのか。

一般に，公報を発行している市町村は，公報に登載して行ってお

り，公報を発行していない市町村は，役所の掲示板に掲示している。

◆解　説◆

「公示」とは，公の機関が，一定の事項を広く一般公衆に知り得るような状態に置くこととされています。

公共下水道の供用開始の公示の方法について，下水道法に定めはなく，一般に，公報を発行している市町村は，公報に登載して行っており，公報を発行していない市町村は，役所の掲示板に掲示しています。

コラム　公示と告示

「公示」も「告示」も公の機関などが一定の事項を広く一般公衆の知り得るような状態に置くことであるとされています。

ただ，「告示」には，公の機関が，その決定した事項その他一定の事項を広く一般に知らせるための形式の名称にもなっています。国家行政組織法14条１項は，「各省大臣，各委員会及び各庁の長官は，その機関の所掌事務について，公示を必要とする場合においては，告示を発することができる。」と定めています。

環境基本法16条１項は，「政府は，大気の汚染，水質の汚濁，土壌の汚染及び騒音に係る環境上の条件について，それぞれ，人の健康を保護し，及び生活環境を保全する上で維持されることが望ましい基準を定めるものとする。」と規定しており，この基準として大気汚染に係る環境基準などの環境基準が環境庁告示により定められています。通常，告示は，一定の事実，官庁の意思を表明するものであり，環境基準についても，国民の権利義務に直接関係する法規の性質を有するものではないとして，行政処分には当たらないと解されています。

関連判例　東京高判昭和62年12月24日行集38巻12号1807頁

二酸化窒素に係る環境基準を従来のものより緩和する内容に改定してした告示の取消しを求めた取消訴訟において，「（環境）基本法第９条に則り環境基準を定める環境庁の告示（本件告示を含む。以下単に「環境基準の告示」という。）は，現行法制上，政府が公害対策を推進していくうえでの政策上の達成目標ないし指針を一般的抽象的に定立する行為であって，直接に，国民の権利義務，法的地位，法的利益につき創設，変更，消滅等の法的効果（以下単に「法的効果」という。）を及ぼすものではなく，また，そのような法的効力（以下単に「法的効力」という。）を有するものでもない」と判示しました。

3 ◆流域下水道

問30 流域下水道とは何か。

答　流域下水道とは，「専ら地方公共団体が管理する下水道により排除される下水を受けて，これを排除し，及び処理するために地方公共団体が管理する下水道で，２以上の市町村の区域における下水を排除するものであり，かつ，終末処理場を有するもの」（下水道法第２条第４号イ）。又は「公共下水道（終末処理場を有するもの又は前号ロに該当するものに限る。）により排除される雨水のみを受けて，これを河川その他の公共の水域又は海域に放流するために地方公共団体が管理する下水道で，２以上の市町村の区域における雨水を排除するものであり，かつ，当該雨水の流量を調節するための施設を有するもの」（下水道法２条４号ロ）をいう。

このうち，前者を狭義の流域下水道，後者を雨水流域下水道という。

◆解　説◆

市町村がそれぞれ単独で公共下水道の整備を行う場合，汚水を処理するためには終末処理場もそれぞれの市町村が単独で設置しなければならず，雨水を排出するに当たっても排出先までの下水道整備をしなければなりません。

流域下水道は，いくつかの市町村から排出された下水を処理するために市町村の下水道と接続した終末処理場，排出先を設けた下水道を整備することにより，効率的な下水の処理，排出を図ろうとするものです。

流域下水道の設置･管理は，原則として都道府県が行いますが（下水道法25条の10第１項），市町村も都道府県と協議して行うことができます（同条２項）。流域下水道のしくみは次の図のとおりです。

〔図〕

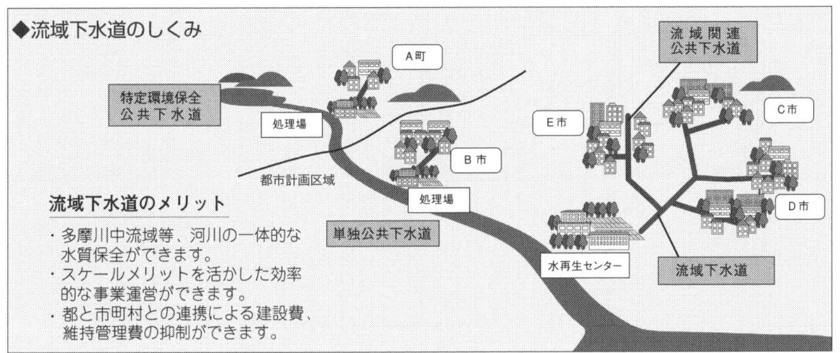

出典：東京都下水道局「東京都の下水道2020」７頁

問31　流域下水道の整備や維持管理の費用はどのように分担されるのか。

答　流域下水道を管理する都道府県は，流域下水道により利益を受ける市町村に対し，その利益を受ける限度において，その設置，改築，維持その他の管理に要する費用の全部又は一部を負担させることができるとされている（下水道法31条の２）。

◆解　説◆

流域下水道は，市町村がそれぞれ単独で公共下水道の整備を行う代わりに，いわば，その一部を共同処理しようとするものですから，共同処理を担う都道府県は，その利益を担う市町村に対し，その利益を受ける限度で費用の負担を求めることができることになります。

具体的な負担額を決めるに当たっては，市町村の意見を聞いたうえで，都道府県の議会の議決を経る必要があります（下水道法31条の２第２項）。

市町村の受ける利益の算定に当たっては，各市町村から流域下水道に排出される汚水や雨水を実績や計算によって求めることで行われるものと思われます。

建設省の通知には，「流域下水道が広域根幹的な施設であることから，原則として都道府県が管理すべきものとしている趣旨を考慮し，関係市町村に負担させるべき額は，その建設に要する費用については，従来どおり当該費用から国費を除いた額の２分の１以下の額とし，その維持管理に要する費用については，当該費用のうち関連公共下水道管理者が使用料として利用者に負担されるべき額，使用料の徴収状況等を勘案して定めることとされたい。」とされています（昭和46年11月10日建設省都下企発第35号）。

4◆都市下水路

問32　都市下水路とは何か。

答　都市下水路は，主として市街地における下水を排除するために地方公共団体が管理する下水道で，その規模が政令で定める規模以上のものであり，当該地方公共団体が指定したものである。

◆解　説◆

都市下水路は，主として市街地において，通常，雨水排除を目的とする下水道です。公共下水道は都市下水路にはなりません（下水道法２条５号）。

昭和33（1958）年に改正される前の旧下水道法において規定されていた下水道施設が公共下水道となり，都市排水施設が都市下水路と改められたものです。

都市下水路の設置，維持管理は市町村が行うこととされており（下水道法26条１項），当該地方公共団体が指定します（同法27条）。

問33｜都市下水路と雨水公共下水道はどう違うのか。

答　都市下水路も雨水公共下水道も市街地において，雨水排除を目的とするもので，終末処理場を有しないという点で共通するが，構造的に，雨水公共下水道が暗渠であるのに対し，都市下水路は，開渠であり，公共下水道の整備に先立ち，雨水整備を早急に行う必要がある場合に都市下水路整備事業として雨水を排除するための幹線管渠やポンプ場を整備するものである。

◆解　説◆

都市下水路（下水道法２条５号）も雨水公共下水道（下水道法２条３号ロ）も市街地において，専ら雨水排除を目的とするもので，終末処理場を有しないという点で共通します。

ただ，構造的に，雨水公共下水道が暗渠であるのに対し，都市下水路は，開渠であるという点が異なります。

また，都市下水路は，公共下水道の整備に先立ち，雨水整備を早急に行う必要がある場合に都市下水路整備事業として雨水を排除するための幹線管渠やポンプ場を整備するものです。これに対し，雨水公共下水道には，都道府県構想において汚水処理と雨水排除を公共下水道で実施することを予定していた地域のうち，効率的な整備手法の見直しの結果，汚水処理方式を下水道から浄化槽等へ見直した地域において，雨水の排除のみを実施することとした公共下水道であるという沿革があります。

第４　下水道と似て非なるもの

問34｜河川とは何か。

答　河川とは，通常，地表をほぼ一定の流路をもって流れ，湖や海に注

ぐ水の流れをいうとされるが，河川法においては，「公共の水流及び水面」であるとされている（河川法４条１項）。河川法の適用対象は，一級河川，二級河川として指定されたものに限られ，河川管理施設を含む。このほか，河川法が準用される河川である準用河川がある。

◆解　説◆

1　明治29（1896）年に旧河川法が制定され，河川管理についての体系的な法制度が確立されました。

対象は，主務大臣において公共の利害に重大な関係があるものとして確定したもの，地方行政庁（都道府県知事）がその支派川として認定したものであり，河川，河川の敷地，流水については私権が排除され，地方行政庁（都道府県知事）が国の機関として営造物である河川を管理しました。

2　昭和40（1965）年４月１日に現行河川法が施行されました。

一級河川は，一級水系に係る河川で，国土交通大臣が指定した河川です。

二級河川は，二級水系に係る河川で，都道府県知事が指定した河川です。

準用河川は，河川法の規定の一部（二級河川に関する規定のうち，政令で定める規定を除いたもの。）を準用し，市町村長が管理する河川です。

3　河川は，「自然公物」とされています。「公物」とは，国又は地方公共団体などが，その行政目的を達成するために，直接に公の目的に供される有体物をいうものとされており，役所の庁舎など，公用に供される「公用物」と一般公衆の共同使用に供される「公共用物」があります。

河川は，自然の状態のままで公の用に供することができるので，自然公物と呼ばれ，公物のうちの公共用物に当たります。

問 35　普通河川とは何か。

答　一級河川，二級河川，準用河川のいずれでもない河川のことで，河川管理に関する特別法の適用ないし準用のない河川（これと接続する湖沼を含む。）をいう。

◆解　説◆

普通河川は，河川法の適用，準用を受けない河川ですが，一般公衆の共同使用に供されているという意味で，法定外公共用物の一つとされています。

一般に，条例が定められ，管理されています。

問 36　法定外公共物とは何か。

答　普通河川，公共溝渠，里道など，河川法，道路法などの法律の適用を受けない公共物をいう。

◆解　説◆

以前，法定外公共物は，国有財産であり，財産管理（境界確定等）は都道府県が，機能管理（補修等）は市町村が行っていましたが，平成12年４月１日に施行された地方分権一括法（地方分権の推進を図るための関係法律の整備等に関する法律）の制定に伴い，平成12（2000）年４月から同17（2005）年３月までの間に市町村に譲与されました。

問 37　公共溝渠は普通河川ではないのか。

答　溝渠は，主に排水を目的として造られる水路のうち，小規模な溝状のものの総称である。そのうち，公共の用に供されるものを「公共溝渠」（こうきょうこうきょ）と呼ぶ。

普通河川との違いは明らかでないが，明治33（1900）年に成立した汚物掃除法には「公共溝渠」の定めがあった。

◆解　説◆

明治33（1900）年に成立した汚物掃除法において，「溝渠とは汚水雨水疎通の用に供する露溝暗渠を云う」とされ，「溝渠を分ちて公共溝渠と私用溝渠とす」「公共溝渠とは排水系統中幹線若しくは主要なる支線たるべき位置を有し地方長官に於いて公共溝渠線と認定したる溝渠を云ひ私用溝渠とは公共溝渠にあらざる溝渠を云ふ」とされていました。

なお，普通河川を河川法に基づく河川と指定するか，都市下水路と指定するかについて，建設省から「河川と下水道の管理分担区分について」という通知が発せられています（昭和48年７月５日建設省都下事発第17号，建設省河治発第12号通知）。

38　河川整備と公共下水道整備はどのような関係にあるか。

河川も公共下水道も，雨水の排出能力を計画し整備している。

雨水は公共下水道から主に河川に排出されるから，下水道整備に対応する河川整備がされていないと，下水道から河川への排出が制約されることになる。

◆解　説◆

河川整備は時間が掛かることから，公共下水道整備が先に進むことがありますが，公共下水道整備が進んでも，排出先である河川整備が進んでいなければ下水を排出できなくなります。

そのため，下水道整備と河川整備の連携が重要となります。

コラム　内水と外水

堤防で守られた内側の土地にある水を「内水」，河川の水を「外水」と呼びます。

市街地に短時間に大雨が降ると，公共下水道の処理能力を超え，あふれ出した雨水で建物等が浸水することを内水氾濫といいます。内水氾濫は，公共下水道の処理能力を超えてはいないが，排出先である河川の治水能力を超えているために公共下水道から河川に排出できないことによっても起こります。

これに対し，外水氾濫は河川の水位が上がって，堤防の高さを越えたり，堤防が壊れて，水があふれる現象です（問155参照）。

問 39　特定の目的をもって人工的に設けられた水路にはどのようなものがあるか。

運河，放水路，用水路がある。

◆解　説◆

運河，放水路，用水路はいずれも人工的に設けられた水路です。

これに対し，河川は，自然の状態において既に公の用に供し得ることから，自然公物と呼ばれています。

問 40　運河とは何か。

運河とは，運送用に使われる水路をいう。

◆解　説◆

運河はかつて，都市における物資の輸送に重要な役割を果たしていましたが，モーダル・シフトにより，埋め立てられたり，水質の悪化が問題となりました。

ただ，近年では多くの地域で，「水辺」としての見直しが図られています。

問 41 放水路とは何か。

答　河川の氾濫を防ぐなどのため，河川の途中から海などに向けて造った水路をいう。

◆解　説◆

放水路は，河川改修が困難な場合などに設けられます。

最近では，道路の地下に設けられる地下放水路も整備されています。

問 42 用水路とは何か。

答　用水のために設けられた水路をいう。農業用水路，発電用水路等がある。

◆解　説◆

農業用水路の管理については，日常的な維持管理は地元の住民が行い，修理については市町村が行っている場合が多いと思われます。

関連判例　最判令和元年７月18日集民262号11頁

かんがいの目的で河川の流水の占用について河川法23条の許可に基づいて取水した水を国から市に譲与された水路に流し農業用の用排水路として使用していた土地改良区が，第三者に対し，当該水路への排水を禁止することができるとし，し尿等を浄化槽により処理した水を当該水路に排水されたことで，排他的管理権が侵害されたとして，不当利得返還請求をした事案で，その権利自体には物権的性格が認められるものの，許可水利権に基づいて取水した水が流れる水路に第三者が排水をしたというだけで当該許可水利権において許可された流水の占用が妨害されたとはいえず，当該許可水利権の侵害を認めることはできないと判示しました。

コラム　土地改良区

土地改良区とは，土地改良法により土地改良事業を行う団体で知事が認可した法人です。

農用地の集団化・農業用用排水施設の整備・維持管理事業等を実施しています。

コラム　用悪水路

土地の登記記録の中にその利用状況を示すものとして「地目」があり，宅地，畑，原野などがありますが，「用悪水路」というものもあります。

不動産登記事務取扱手続準則68条16号には，「用悪水路」は「かんがい用又は悪水はいせつ用の水路」を示すとされています。

問43　いわゆる「青道」とは何か。

答　農業用水路等として使われていた水路や河川敷であり，公図に「水」と表示されている。

◆解　説◆

青道は，もともとは水路や河川敷であったが，その機能や形態を失っているものも多く，その上に住宅が建っていることもあります。そのような場合に，青道の所有者である国や地方公共団体と住宅の所有者との間で，境界や時効取得をめぐって問題が生じることもあります。

旧土地台帳法施行細則２条に規定する土地台帳付属図，いわゆる公図に，道は赤色に，水路は青色にそれぞれ着色して表示していたため，里道などの道を「赤道」，水路を「青道」とそれぞれ呼んでいます。

現在の法務局備え付けの公図では「道」，「水」と表示されています。

関連判例　最判昭和51年12月24日民集30巻11号1104頁

土地台帳には登載されていない無番地の国有地について，周辺の農地の売渡しを受けたのと同時に所有の意思をもって占有を開始し，10年を経過したことで時効により所有権を取得したとして，国に対し，その土地の所有権の確認を求めた事案で，「公共用財産が，長年の間事実上公の目的に供用されることなく放置され，公共用財産としての形態，機能を全く喪失し，その物のうえに他人の平穏かつ公然の占有が継続したが，そのため実際上公の目的が害されるようなこともなく，もはやその物を公共用財産として維持すべき理由がなくなつた場合には，右公共用財産については，黙示的に公用が廃止されたものとして，これについて取得時効の成立を妨げないものと解するのが相当である。」と判示しました。

問44　側溝とは何か。

答　道路にたまった雨水を排水するために道路管理者が設置するものである。上部にコンクリート蓋やグレーチングが掛けられているものがある。

◆解　説◆

側溝に排水された雨水は，公共下水道が整備されていれば公共下水道に排出され（下水道法10条１項３号），公共下水道が整備されていない場合は，直接，河川や海に放流されています。

第2章

下水道法に関係する法律

第１　環境基本法

45｜環境法なる法律はあるか。

答　環境法なる法律はないが，環境を一般に，保護・維持し，又は改善することを目的とする法の総称をまとめて環境法と呼んでいる。

下水道法も公共用水域の水質保全を目的の一つとされており，環境法の側面を有する。

環境に関する全ての法律の最上位に位置する法律として，環境基本法があり，環境基本法は，環境保全に向けた基本的方向を示している。

◆解　説◆

1960年代に頻発した公害問題に対応するため，昭和42（1967）年に公害対策基本法が制定され，昭和47（1972）年には自然環境保全法が制定されました。

これら二つの体系に分かれていた公害に関する法と自然保護に関する法を統合するものとして，平成５（1993）年に環境基本法が制定されました。

新たな内容として，持続可能な発展，規制的手法だけでなく経済的手法を取り入れたこと，環境基本計画を法定計画として定めたことなどが挙げられています。

問46｜環境基本法において，下水道はどのように位置づけられているか。

答　国が環境保全施設としての下水道の整備を推進すべき旨を規定している（環境基本法23条２項）。

◆解　説◆

環境基本法23条２項において，「国は，下水道，廃棄物の公共的な処理施設，環境への負荷の低減に資する交通施設（移動施設を含む。）その他の環境の保全上の支障の防止に資する公共的施設の整備及び森林の整備その他の環境の保全上の支障の防止に資する事業を推進するため，必要な措置を講ずるものとする。」と規定され，国が整備すべき環境の保全上の支障の防止に資する公共的施設の一つとして下水道の整備が挙げられています。

問 47　環境基本法における環境基準とは何か。

答　環境基本法16条１項の規定に基づき，政府が定める「人の健康を保護し，及び生活環境を保全する上で維持されることが望ましい基準」をいう。

◆解　説◆

環境基本法16条１項において，「政府は，大気の汚染，水質の汚濁，土壌の汚染及び騒音に係る環境上の条件について，それぞれ，人の健康を保護し，及び生活環境を保全する上で維持されることが望ましい基準を定めるものとする。」と規定されています。

環境基準は，「告示」という形式で定められています。

環境基準は，人の健康等を維持するための最低限度ではなく，維持されることが望ましい基準です。

関連判例　国道43号線事件訴訟（最判平成７年７月７日判タ892号124頁）

本事件は，国道等の周辺に居住する住民が，道路の供用により，騒音，振動，排気ガスにより身体的，精神的苦痛を被っているとして，国等に対し，人格権等に基づき，一定基準値を越える騒音と二酸化窒素の各居住敷地内へ侵入差止め及び損害賠償請求を求めたものです。

最高裁は，差止め請求を棄却し，損害賠償請求を認めた高裁判決を維持しました。

損害賠償請求が認められるかどうかは，受忍限度を超える違法があるかどうかにより判断されます。

この点，判決は，騒音環境基準が示す値を用いて判断しています。環境基準は，人の健康等を維持するための最低限度ではなく，維持されることがのぞましい基準ですので，そのまま，受忍限度を超えるかどうかを判断する基準とはなり得ませんが，当該被害者との関係では，騒音環境基準が受忍限度を超えるかどうかの基準と一致していると判断したものと考えられています。

問 48　水質汚濁に係る環境基準はどのように定められているか。

答　公共用水域の水質汚濁に係る環境基準として，人の健康の保護に関する環境基準及び生活環境の保全に関する環境基準が定められている。

◆解　説◆

人の健康の保護に関する環境基準としては，カドミウム，全シアン，鉛など27項目に関して基準値が定められています。

また，生活環境の保全に関する環境基準としては，各公共用水域につき，当該公共用水域が該当する水域類型ごとに，基準値が定められています。

問 49　規制基準とは何か。

答　環境基準を目標に，法律，条例に基づいて定められた具体的に公害等の発生源を規制する基準を規制基準という。

◆解　説◆

法律に定められた規制基準としては，大気汚染防止法に基づく排出基準，水質汚濁防止法に基づく排水基準のほか，騒音規制法，振動規制法，悪臭防止法に基づくそれぞれの規制基準などがあります。

問50　水質汚濁防止法はどのようなものか。

答　水質汚濁防止法は，環境基準を達成することを目標に，工場や事業場から公共用水域に排出される水質汚濁物質について，物質の種類ごとに排水基準を定めており，水質汚濁物質の排出者等はこの基準を守らなければならない。

◆解　説◆

水質汚濁防止法は，特定施設を有する事業場（特定事業場）から公共用水域に排出される水について，排水基準以下の濃度で排水することを義務付けています（水質汚濁防止法３条１項）。公共下水道及び流域下水道であって終末処理場を設置している公共下水道及び流域下水道は公共用水域から除かれています（同法２条１項）。

問51　水質汚濁防止法と公共下水道との関係はどうなっているか。

答　水質汚濁防止法は，特定施設を有する事業場（特定事業場）から公共用水域に排出される水について，排水基準を設けているが，この「公共用水域」には公共下水道及び流域下水道であって終末処理場を設置しているものを含まない（水質汚濁防止法２条１項）。

他方，公共下水道の終末処理施設は，特定施設であるとされており，その放流水は，水質汚濁防止法に基づく排水基準が適用される。

◆解　説◆

水質汚濁防止法は，特定施設を有する事業場（特定事業場）から公共用水域に排出される水について，排水基準を設けていますが，この「公共用水域」には公共下水道及び流域下水道であって終末処理場を設置しているものを含まないので（水質汚濁防止法２条１項），終末処理場を設置している公共下水道や流域下水道に排水する場合は水質汚濁防止法は適用されず，下水道法の規制が適用されます。

ただ，水質汚濁防止法において，公共下水道の終末処理施設は，特定施設であるとされているので，水質汚濁防止法の排水基準が適用されます（問110解説の図を参照）。

問52　水質汚濁防止法の排水基準に違反した場合，罰則が科されるか。

答　水質汚濁防止法の排水基準に違反した場合，６月以下の懲役又は50万円以下の罰金に処するとされている（水質汚濁防止法31条１項１号，12条１項）。

◆解　説◆

水質汚濁防止法12条１項に定める排水基準に違反した場合，６月以下の懲役又は50万円以下の罰金に処するとされています（同法31条１項１号）。

また，都道府県知事が排水基準に適合しない排出水を排出するおそれがあるとして改善命令を命じた場合に（水質汚濁防止法13条１項），これに違反した場合は１年以下の懲役又は100万円以下の罰金に処するとされています（同法30条）。

コラム　直罰と間接罰

罰則には「直罰」と「間接罰」があります。

直罰とは，違法行為に対して即時に適用される罰則です。

これに対し，間接罰とは，違法行為があった場合に，まずは是正のための命令を行い，その命令に違反する場合に，これを理由に罰則を科すものです。

コラム　両罰規定

刑法において刑罰が科されるのは自然人であるとされ，他の法令で刑罰を規定した場合も同様であるとされています（刑法８条）。

そうすると，法人の代表者や被用者が法人の職務を行うに当たって刑罰の対象となる行為を行った場合，刑罰が科されるのは，当該行為を行った代表者や被用者になります。

しかし，法人の代表者や被用者が法人の職務を行うに当たって行った行為については，これにより利益を得ている法人が責任を負うべきであると考えられます。

そこで，行政上の義務違反に科される行政刑罰においては，「法人の代表者又は法人若しくは人の代理人，使用人その他の従業者が，その法人又は人の業務に関して前○条の違反行為をしたときは，行為者を罰するほか，その法人又は人に対して各本条の罰金刑を科する」などの規定が設けられています。これを，当該行為者とともに法人にも刑罰が科されるという意味で「両罰規定」と呼んでいます。

下水道法，水質汚濁防止法に基づく罰則についても，両罰規定が設けられています（下水道法50条，水質汚濁防止法34条）。

問53　下水道からの放流水に関する規制基準にはどのようなものがあるか。

答　下水道から公共用水域に放流される水の水質については，下水道法による「放流水の水質の技術上の基準」，水質汚濁防止法，ダイオキシン類対策特別措置法に基づく環境省令による「一律排水基準」及び都道府県の条例による「上乗せ排水基準」がある。

◆解　説◆

下水道から公共用水域に放流される水の水質については，下水道法8条，同施行令6条が技術上の基準を定めていますが，水質汚濁防止法，ダイオキシン類対策特別措置法に基づく環境省令による「一律排水基準」及び水質汚濁防止法，ダイオキシン類対策特別措置法に基づく都道府県の条例による「上乗せ排水基準」がある場合にはその基準によることとされています（下水道法施行令6条3項・4項）。

問54　下水道法による「放流水の水質の技術上の基準」とはどのようなものか。

答　下水道法8条は，「公共下水道から河川その他の公共の水域又は海域に放流される水（以下「公共下水道からの放流水」という。）の水質は，政令で定める技術上の基準に適合するものでなければならない。」とされており，同法施行令6条が具体的基準を定めている。

◆解　説◆

まず，雨水の影響の少ない時については，水素イオン濃度，大腸菌群数，浮遊物質量について基準を定めています（下水道法施行令6条1項）。

次に，合流式の公共下水道については，降雨による雨水の影響が大きい時において，生物化学的酸素要求量で表示した汚濁負荷量の総量を放流水の総量で除した数値について基準を設けています（同法施行令6条2項）。

コラム　BODとCOD

BOD (Biochemical Oxygen Demand) は，生物化学的酸素要求量と訳され，河川などの水の汚れの度合いを示す指標です。水中の有機汚染物質を，微生物が5日間で分解するのに必要な酸素量で表します。

COD (Chemical Oxygen Demand) は，化学的酸素要求量と訳され，湖沼や海域などの水の汚れの度合いを示す指標です。水中の汚染源となる物質を，過マンガン酸カリウム等の酸化剤で酸化するときに消費される酸素量で表します。微生物によって分解されにくい有機物が多量に含まれている場合，毒物による汚染がある場合，湖沼のように水が滞留している場合にはBODによる測定が困難なため，CODが用いられます。

55　水質汚濁防止法の下水道からの放流水の排水基準はどのようなものか。

答　水質汚濁防止法は，下水道の終末処理施設を特定施設と定め，特定施設を設置する工場又は事業場（特定事業場）からの排出水に対しては，環境省令により排水基準が定められている。また，水質汚濁防止法は，都道府県が条例でこれより厳しい排水基準を定めることを認めている。

◆解　説◆

水質汚濁防止法は，人の健康に被害を生じるおそれのある物質を含む，又は生活環境に被害を生じるおそれがある程度の汚染状態である汚水又は廃液を排出する施設を「特定施設」として政令で定め（水質汚濁防止法２条２項），これを設置する工場又は事業場（特定事業場。同条６項）から公共用水域に排出される水（排出水）について，「排水基準を定める省令」により規制しています（いわゆる「一律排水基準」）（同法３条１項）。

さらに，都道府県は，その自然的，社会的条件から判断して，一律排水基準では十分でないと認められる区域があるときは，条例で一律排水基準より厳しい排水基準（上乗せ排水基準）を定めて規制しています（同条３項）。

56　ダイオキシン類対策特別措置法の下水道からの放流水の排水基準はどのようなものか。

答　下水道施設のうちダイオキシン類を発生し排水として排出する施設

に係る汚水又は廃液を含む下水を処理する下水道終末処理施設が規制対象となっており，公共用水域に排出される水（排出水）について，環境省令により規制している（いわゆる「一律排水基準」）。また，ダイオキシン類対策特別措置法は，都道府県が条例でこれより厳しい排水基準を定めることを認めている。

◆解　説◆

ダイオキシン類対策特別措置法は，平成12年1月から施行され，ダイオキシン類に関する耐容1日摂取量に基づいた水質，大気，土壌の環境基準が設定されるとともに，これらの環境基準を達成するための措置として，ダイオキシン類を発生し排出する施設に対する排水規制又は排ガス規制，汚染土壌対策，廃棄物焼却炉に係る焼却灰等の処理基準の強化，汚染状況の調査・測定の義務付け等が行われることとなり，下水道施設のうちダイオキシン類を発生し排水として排出する施設に係る汚水又は廃液を含む下水を処理する下水道終末処理施設が規制対象となっています。

排出基準については，同法施行規則が定めています（同法8条1項）。

また，都道府県が条例でこれより厳しい排水基準を定めることを認めています（同法8条3項）。

問57　下水道の処理における発生汚泥の処理はどのように規制されているか。

答　発生汚泥等の処理に関しては，下水道法21条の2が定めており，発生汚泥等（有毒物質を含むものを除く。）の運搬，埋立基準は，同法施行令13条の3に定める基準によるが，有毒物質を含む汚泥の処理基準は，廃棄物の処理及び清掃に関する法律施行令6条の5の基準例によるものとされている（下水道法施行令13条の4）。

◆解　説◆

日本の下水道の処理は，一般に，汚水の中へ空気を送り込み微生物を活性化させ，有機物を分解させるとともに，汚泥によって微生物では分解できない物質を取り込み，活性汚泥を沈殿させ，上澄み液を放流するという活性汚泥法により行われています（問５参照）。

そのため，発生汚泥の処理が必要となり，その運搬，埋立基準が下水道法施行令13条の３に定められていますが，有毒物質を含む汚泥の処理基準は，廃棄物の処理及び清掃に関する法律施行令６条の５の基準例によるものとされています（同法施行令13条の４）。

問58　発生汚泥を肥料等として活用することはできるか。

答　発生汚泥を埋め立てて処分するのではなく，肥料やセメント原料などに再資源化して有効利用することも行われるようになっている。

◆解　説◆

下水道法21条の２第２項は「公共下水道管理者は，発生汚泥等の処理に当たっては，脱水，焼却等によりその減量に努めるとともに，発生汚泥等が燃料又は肥料として再生利用されるよう努めなければならない。」と規定しており，資源の再利用・資源化によるリサイクル社会の推進が求められている中，発生汚泥を埋め立てて処分するのではなく，肥料やセメント原料などに資源化して有効利用することも行われるようになっています。

ただ，下水汚泥を肥料とするには，肥料の品質の確保等に関する法律（以下「肥料取締法」という。）の規制を受けます。肥料取締法においては，「農林水産大臣の指定する米ぬか，たい肥その他の肥料」を特殊肥料といい，「特殊肥料以外の肥料」を普通肥料といいますが，現在，下水汚泥肥料は普通肥料に分類され，生産業者は農林水産大臣の登録を受けなければなりません（肥料取締法４条１項３号，同法施行規則１条１号）。

問 59　汚泥の焼却に伴って発生するばい煙については，どのような規制があるか。

汚泥の焼却に伴って発生するばい煙は，大気汚染防止法の対象となる。

◆解　説◆

大気汚染防止法は，ばい煙発生施設から発生する物質に対し，排出基準を定めています（大気汚染防止法３条）。

汚泥の焼却に関係する物質としては，「いおう酸化物」「ばいじん」「有害物質（塩化水素，窒素酸化物等）」があります。

問 60　地球温暖化対策の推進に関する法律において，下水道はどのように位置づけられているか。

答　地球温暖化対策の推進に関する法律においては，地方公共団体は温室効果ガスの排出の抑制等のための施策の推進のほか，自らの事務・事業に関し温室効果ガスの排出量の削減の措置等を効ずるものとされている。下水道事業においても，下水道施設から排出される温室効果ガス排出量の把握，温室効果ガス排出削減対策の実施，当該削減対策の効果に対する評価の実施等，下水道における地球温暖化防止対策を行うことが求められている。

◆解　説◆

地球温暖化対策の推進に関する法律は，平成11年４月に施行されました。

地球温暖化対策の推進に関する法律は，地球温暖化対策計画の策定や社会経済活動その他の活動による温室効果ガスの排出の抑制等を促進するための措置を講ずること等によって，地球温暖化対策の推進を図り，現在及び将来の国民の健康で文化的な生活の確保に寄与するとともに人類の福祉に貢献することを目的とし，国，地方公共団体，事業者，国民が一体となって地球温暖化対策に取り組むための枠組みを定めています。

地方公共団体は，その区域の自然的社会的条件に応じた温室効果ガスの排出の抑制等のための施策を推進するだけでなく，自らの事務及び事業に関し温室効果ガスの排出の量の削減並びに吸収作用の保全及び強化のための措置を講ずるとともに，その区域の事業者又は住民が温室効果ガスの排出の抑制等に関して行う活動の促進を図るため，前項に規定する施策に関する情報の提供その他の措置を講ずるように努めるものとされています（同法４条１項，２項）。

事業者が講ずべき事業活動に伴う排出抑制や日常生活における排出抑制への寄与の措置に関して，主務大臣が排出抑制等指針を公表することとされています（同法25条）。

下水道部門における事業活動に伴う温室効果ガスの排出の抑制等に関する事項が告示されており，温室効果ガスの排出の抑制等の適切な実施に係る取組，温室効果ガスの排出の抑制等に係る措置，温室効果ガスの排出の抑制等を通じた温室効果ガス排出量の目安が具体的に挙げられています。

問61　エネルギーの使用の合理化等に関する法律（省エネ法）において，下水道はどのように位置づけられているか。

答　エネルギーの使用の合理化等に関する法律（省エネ法）において，下水道事業について，要したエネルギーに応じて，エネルギー使用量を定期的に報告するよう定められている。

◆解　説◆

エネルギーの使用の合理化等に関する法律（省エネ法）は，石油危機を契機に，工場や建築物，機械・器具についての省エネ化を進め，効率的に使用するため，昭和54（1979）年に制定され，工場・事業所のエネルギー管理の仕組みや，自動車の燃費基準や電気機器などの省エネ基準におけるトップランナー制度，需要家の電力ピーク対策，運輸・建築分野での省エネ対策などを定めています。

下水道事業においても，事業者のエネルギー使用量によって特定事業者に指定されると，エネルギー管理統括者等を選任し，中長期計画書や定期報告書を作成し，提出しなければなりません。また，終末処理場等は，エネルギーの使用量によってエネルギー管理指定工場等に指定されると，エネルギー管理者等を選任し，エネルギーを消費する設備の維持，エネルギーの使用方法の改善及び監視，その他経済産業省令で定める業務を管理しなければなりません（同法７条～17条）。

問 62　悪臭防止法と下水道はどのように関係しているか。

答　悪臭防止法が排出規制の対象としている物質のうち，下水道に関する悪臭物質には，主にアンモニア，メチルメルカプタン，硫化水素及び硫化メチル等がある。

◆解　説◆

悪臭防止法は，規制地域内の工場・事業場の事業活動に伴って発生する悪臭について必要な規制等を行うことにより，生活環境を保全し，国民の健康の保護に資することを目的としています。

規制の対象となるのは，特定悪臭物質及び臭気指数です。

特定悪臭物質は，不快なにおいの原因となり，生活環境を損なうおそれのある物質であって政令で指定するもので，現在，22物質が指定されています。

臭気指数は，人間の嗅覚によってにおいの程度を数値化したものです。

規制地域は，都道府県知事が指定し，悪臭物質の種類ごとに，環境省令で定める範囲内において規制基準が定められています。

問63　特定都市河川浸水被害対策法とはどのようなものか。

答　特定都市河川浸水被害対策法は，都市部を流れる河川の流域において，浸水被害の防止のための対策の推進を図り，もって公共の福祉の確保に資することを目的とし，特定都市河川及び特定都市河川流域を指定し，浸水被害対策の総合的な推進のための流域水害対策計画の策定，河川管理者による雨水貯留浸透施設の整備，雨水流出を抑制するための規制，都市洪水想定区域の指定等，浸水被害の防止を図るための対策を推進するものである。

◆解　説◆

これまで，外水対策としては，ハード対策としての河川法，ソフト対策としての水防法がありました。また，内水対策としては，ハード対策としての下水道法，ソフト対策としての都市計画法がありました。

平成16（2004）年５月に施行された特定都市河川浸水被害対策法は，都市部の河川流域における新たなスキームによる一体的な浸水対策が必要であるとの認識の下，流域水害対策計画を策定することで，浸水被害対策を総合的に推進しようとするものです。

公共下水道管理者は，流域水害対策計画に基づき，政令で定める基準に基づき，条例で下水道の排水設備の貯留や浸透機能に関する技術上の基準を定めることができます（同法８条）。

第２　都市計画法

１◆都市計画法と下水道

64　都市計画法とはどのような法律か。

答　都市計画法には，都市の健全な発展と秩序ある整備を図るため，都市計画に関し必要な事項が定められている。

都市計画の内容は，土地利用に関する計画，都市施設に関する計画，市街地開発事業に関する計画に区分される。

◆解　説◆

高度成長期における人口及び産業の都市集中による無秩序な市街化が，都市環境の悪化，公共施設整備に関する非効率的投資などの弊害をもたらしたため，昭和44（1969）年に現行の都市計画法（昭和43年法律第100号）が施行されました。

都市計画法には，都市の健全な発展と秩序ある整備を図るため，都市計画に関し必要な事項が定められています。

都市計画の内容は，土地利用に関する計画，都市施設に関する計画，市街地開発事業に関する計画に区分されます。

土地利用に関する計画としては，市街化区域と市街化調整区域，用途地域などがあります。都市施設に関する計画としては，道路，都市高速鉄道，駐車場，公園，下水道などがあります。市街地開発事業に関する計画としては，土地区画整理事業，市街地再開発事業などがあります。

65　都市計画法において，下水道は，どのように位置づけられているか。

答　都市計画に定めることができる都市施設の一つとして位置づけられている。

◆解　説◆

都市計画法において，都市計画に定めることができる施設が都市施設として定められており，その一つとして下水道があります（都市計画法４条５項，11条１項３号）。

問66　下水道は必ず都市計画に位置づける必要があるか。

答　都市計画法11条１項は，「都市計画区域については，都市計画に，次に掲げる施設を定めることができる。この場合において，特に必要があるときは，当該都市計画区域外においてもこれらの施設を定めることができる。」と規定し，都市計画法13条１項11号は，「市街化区域及び区域区分が定められていない都市計画区域については，少なくとも道路，公園及び下水道を定めるものと」するとしている。

◆解　説◆

都市計画法13条１項11号は，「市街化区域及び区域区分が定められていない都市計画区域については，少なくとも道路，公園及び下水道を定めるものと」するとしています。区域区分とは，市街化区域と市街化調整区域の区分をいいます。

このほかの区域にあっては，都市計画法上は，必ずしも都市施設を都市計画に定める必要はありませんが，道路等の交通施設，公園，下水道等については，長期的視点から計画的な整備を行う必要があり，また，計画調整や地域社会の合意形成を図るため積極的に都市計画に位置づけることが望ましいとされています（国土交通省「都市計画運用指針　第11版（令和２年９月７日一部改正）」）。

問67 下水道について都市計画にはどのような内容を定めるのか。

答 排水区域，処理場，ポンプ場及び主要な管渠を一体的かつ総合的に定めることとなっている。

◆解　説◆

都市計画法には下水道について都市計画に定めるべき内容は規定されていません。

国土交通省は，都市計画制度全般にわたっての考え方を参考として広く一般に示すものとして，「都市計画運用指針」を作成しています。「都市計画運用指針」においては，下水道に関する都市計画は，土地の自然的条件，土地利用の動向，河川等の水路の整備状況並びにそれらの将来の見通し等を総合的に勘案し，機能的な都市活動の確保及び良好な都市環境を形成及び保持するよう排水区域，処理場，ポンプ場及び主要な管渠を一体的かつ総合的に定めるとされています。

それぞれの内容は次のとおりです。

①管渠

下水道の都市計画における管渠については，道路その他の公共施設の整備状況を勘案して，排水区域からの下水を確実かつ効率的に集め，排水するよう配置すること。

②排水区域

下水道の都市計画における排水区域については，土地の自然的条件及び土地利用の動向を勘案し，下水を排除すべき地域として一体的な区域となるよう定めること。

③処理場

下水道の都市計画における処理場については，排水区域から排除される下水量に対して必要な処理能力等を有し，放流先及び周辺の土地利用の状況を勘案し，周辺環境との調和が図られるよう定めること。また，施設の敷地は，増設等に必要な土地を含めて定めておくことが望ましい。

④ポンプ場

下水道の都市計画におけるポンプ場については，下水の流下の確保が図られるよう，周辺環境に配慮して定めること。

問 68　下水道の管渠を全て都市計画に定める必要があるのか。

答　国土交通省「都市計画運用指針」においては，下水道の管渠については，主要なものを定めることとし，以下の要件に該当するものを定めることが望ましいとされている。

ア　一定の面積以上の排水区域を担う管渠（一定の面積については，地域の状況によるが，目安として1,000HA程度が考えられる。）

イ　処理水を放流するための主たる管渠

◆解　説◆

都市計画は，都市の健全な発展と秩序ある整備を図るためのものであり，都市計画は，原案の作成，案の作成，案の公告・縦覧，都市計画審議会への付議，都市計画の決定という手続により行われます。

そのため，下水道の管渠については，その全てを都市計画の定めるのではなく，主要なものを定めることとされているのです。

問 69　都市計画法において，都市計画決定された下水道は，どのように整備されることとされているか。

答　都市計画決定された都市施設は都市計画施設と呼ばれ，都市計画施設の整備は，都市計画事業として，市町村が都道府県知事の認可を受けて施行することとされている。

したがって，都市計画決定された下水道は，市町村が都道府県知事の認可を受けて整備することになる。

◆解　説◆

都市計画決定された都市施設は都市計画施設と呼ばれています（都市計画法４条６項）。都市計画施設の区域内において建築物の建築をしようとする者は，一定の場合を除き，都道府県知事等の許可を受けなければならないという建築制限がなされ（同法53条），都市計画施設の整備に支障となる行為を制限しています。

都市計画施設の整備は，都市計画事業として，市町村が都道府県知事の認可を受けて施行することになります（都市計画法４条15項，59条１項）。

したがって，都市計画決定された下水道は，市町村が都道府県知事の認可を受けて整備することになります。

コラム　法令における「都道府県」と「都道府県知事」の違い

都市計画法59条１項は，「都市計画事業は，市町村が，都道府県知事（第１号法定受託事務として施行する場合にあっては，国土交通大臣）の認可を受けて施行する。」と規定しています。

国，地方公共団体などの行政主体が実際に活動するには，行政組織が必要ですが，行政組織のうち，行政主体のために意思を決定し，それを外部に表示する権限を持つ行政機関を行政庁といいます。

都道府県のために認可という意思を決定し，市町村に表示する権限を持つ行政機関は都道府県知事であることから，都市計画法59条１項は，これを「都道府県知事の認可を受けて」と規定しているものです。

問70　都市計画法における開発行為に伴う排水施設の整備は一般に，どのように行われるのか。

答 開発行為を行う者が，開発許可の基準に従って行うことになる。通常，公共下水道の流域においては，承認工事として既設公共下水道に接続する許可を得て，公共下水道を整備し，市町村に無償で引き渡すことになる。

◆解　説◆

都市計画区域又は準都市計画区域において開発行為をするには，都道府県知事等に申請し，その許可を得なければなりません（都市計画法29条）。

開発許可の申請をするには，関係がある公共施設の管理者と協議し，その同意を得なければならないので（同法32条），排水施設の整備をするには，公共下水道の流域にあっては，公共下水道の管理者である市町村と協議し，その同意を得なければなりません。

また，排水路その他の排水施設は，下水を有効に排出するとともに，開発区域及びその周辺地域に溢水等の被害が生じないような構造・能力で適当に配置されるよう設計されていなければなりません（都市計画法33条１項３号）。

そのため，公共下水道の流域にあっては，公共下水道の管理者である市町村と協議し，同意を得たのち，承認工事の承認（下水道法16条），既設公共下水道に接続する許可（同法24条）を得て，公共下水道を整備し，公共下水道の管理者に寄付することになります。

2 ◆下水道受益者負担金

問71　下水道受益者負担金とは何か。

答 公共下水道が整備されることにより生活環境が改善され，利便性や環境衛生が向上し，その土地の価値が上昇することから，その受益の限度において，都市計画法75条に基づき，下水道事業費の一部の負担を求めるものである。

◆解　説◆

都市計画法75条１項は，「国，都道府県又は市町村は，都市計画事業によって著しく利益を受ける者があるときは，その利益を受ける限度において，当該事業に要する費用の一部を当該利益を受ける者に負担させることができる。」と規定しています。

また，同条２項は，「前項の場合において，その負担金の徴収を受ける者の範囲及び徴収方法については，国が負担させるものにあっては政令で，都道府県又は市町村が負担させるものにあっては当該都道府県又は市町村の条例で定める。」と規定しています。

そのため，市町村は，都市計画事業として下水道整備を行った場合の受益者負担金について条例を定め，受益者から受益者負担金を徴収しています。

72　下水道受益者負担金を滞納した場合の徴収手続はどのようなものか。

答　督促をしても受益者負担金を納付しない場合には，国税滞納処分の例により差押え，公売，換価により回収することができる（都市計画法75条５項）。

◆解　説◆

都市計画法75条５項は，「…督促を受けた者がその指定する期限までにその納付すべき金額を納付しない場合においては，国等は，国税滞納処分の例により，…負担金及び延滞金を徴収することができる。」と定めています。

滞納処分とは，滞納となっている債権を強制的に徴収するため，財産を差押え，公売等により換価し，債権の徴収に充てるものです（国税徴収法47条以下）（問121コラム参照）。

問73　農業集落排水事業についても受益者負担金を徴収することができるか。

答　農業集落排水事業は，都市計画に都市施設として定める下水道ではなく，都市計画事業として整備されるものではないため，都市計画法75条１項に基づく受益者負担金を徴収することはできない。

◆解　説◆

農業集落排水事業は，農業集落や漁業集落において，し尿や生活雑排水などの汚水を収集するための管路施設や，汚水を処理するための汚水処理施設，発生した汚泥を処理する施設を整備するものであり，農村下水道などとも呼ばれます。

しかし，農業集落排水事業による施設は，都市計画に都市施設として定める下水道ではなく，都市計画事業として整備されるものではないため，都市計画法75条１項に基づく受益者負担金を徴収することはできません。

問74　農業集落排水事業についても受益者を対象に分担金を徴収しているが，違法であるのか。

答　農業集落排水事業により利益を受けるのはその整備がされた地域の住民だけであるため，地方自治法224条に基づく分担金として農業集落排水受益者分担金を徴収することができる。

◆解　説◆

地方自治法224条は，「普通地方公共団体は，政令で定める場合を除くほか，数人又は普通地方公共団体の一部に対し利益のある事件に関し，その必要な費用に充てるため，当該事件により特に利益を受ける者から，その受益の限度において，分担金を徴収することができる。」と規定しています。

農業集落排水事業による施設は，都市計画に都市施設として定める下水道ではなく，都市計画事業として整備されるものではないため，都市計画法75条１項に基づく受益者負担金を徴収することはできませんが，農業集落排水事業により利益を受けるのはその整備がされた地域の住民だけですから，地方自治法224条に基づく分担金を受益者から徴収することができると考えます。

地方自治法224条に基づく分担金については，地方税の滞納処分の例により処分することができるとされています（地方自治法231条の３第３項）。

第3章
公共下水道事業

第1 制 度

問75 水道，下水道の整備の目的は何か。

答 水道は，清浄で豊富低廉な水の供給を図ることで，公衆衛生の向上と生活環境の改善に寄与することを目的とするものである（水道法1条）。

これに対し，下水道は，下水道の整備を図ることで，都市の健全な発達，公衆衛生の向上に寄与し，あわせて公共用水域の水質の保全に資することを目的とするものである（下水道法1条）。

◆解 説◆

水道も下水道も公衆衛生の向上という目的は共通しますが，下水道には，公共用水域の水質の保全に資するという目的が加わります。

問76 水道，下水道の整備の事業主体はだれか。

答 水道を経営するには，厚生労働大臣の認可を得なければならず，原則として市町村が経営するが，市町村以外の者も，給水しようとする区域をその区域に含む市町村の同意を得た場合には，水道事業を経営することができる。

これに対し，下水道事業は，原則として，市町村が行うものとされ，例外的に，都道府県が行うことができるとされている。

◆解 説◆

水道については，水道を経営しようとする者は，厚生労働大臣の認可を得なければならないとされ（水道法6条1項），水道事業は，原則として市町村が経営するものとし，市町村以外の者は，給水しようとする区域をその区域に含む市町村の同意を得た場合に限り，水道事業を経営することができるものとされています（同条2項）。

これに対し，下水道については，下水道法3条1項において「公共下水道の設置，改築，修繕，維持その他の管理は，市町村が行うものとする。」とされ，同条2項において，「前項の規定にかかわらず，都道府県は，二以上の市町村が受益し，かつ，関係市町村のみでは設置することが困難であると認められる場合においては，関係市町村と協議して，当該公共下水道の設置，改築，修繕，維持その他の管理を行うことができる。この場合において，関係市町村が協議に応じようとするときは，あらかじめその議会の議決を経なければならない。」とされており，下水道法においては，市町村，都道府県以外の者による設置，管理は予定されていません。

公共下水道の事業主体が市町村，都道府県に限定されている理由は，下水道事業が，排水区域が公示された区域内では排水設備の設置が義務付けられ，水質規制があるなど，一種の権力行為であるからであると考えられています。

問77 公共下水道の整備，管理について，どのような共同処理が行われているか。

答 汚水処理や汚泥処理を隣接する地方公共団体に事務の委託をする事例や汚泥処理を一部事務組合や広域連合を設立して行う事例がある。

◆解 説◆

地方自治法において，地方公共団体相互の協力方式として，連携協約，協議会，機関等の共同設置，事務の委託，事務の代替執行，職員の派遣の6つがありますが（同法252条の2～252条の17），その他に，協働処理の方式として，一部事務組合・広域連合の設置（同法284条）などがあります。

地形的な条件等から，隣接する普通地方公共団体に公共下水道の整備，管理を委託した方が合理的である場合には，事務の委託（地方自治法252条の14）によることができます。

また，行政区域よりも広域的な区域で公共下水道を一体的に整備，管理した方が合理的な場合には，一部事務組合や広域連合を設置してこれを行うことができます。

汚泥処理について共同化されている事例が見受けられるのは，スケールメリットによる合理化やエネルギー利用を図ろうとするものと思われます。

下水道法にも，協議会についての規定がありますが（下水道法31条の４），この協議会は事業の実施主体として設けられるものではなく，下水道管理者間の広域的な連携による下水道の管理の効率化のために協議を行うためのものであり，その協議により，共同化を促進しようとするものです。

問78　公共下水道の整備，管理を民間事業者に行わせることはできないのか。

答　民間資金等の活用による公共施設等の整備等の促進に関する法律に基づくPFIの手法による管理，地方自治法に基づく指定管理者による管理，委託契約に基づく管理委託がある。

◆解　説◆

下水道の整備，管理を市町村が行うことと，実際の管理行為を民間事業者が行うことは矛盾しません。

「民間資金等の活用による公共施設等の整備等の促進に関する法律」に基づくPFIの手法による管理，地方自治法に基づく指定管理者による管理，委託契約に基づく管理も可能です。

問 79　PFI事業とはどのようなものか。

答　PFI事業とは，「民間資金等の活用による公共施設等の整備等の促進に関する法律」に基づく事業手法であり，民間の資金と経営能力・技術力（ノウハウ）を活用し，公共施設等の設計・建設・改修・更新や維持管理・運営を行う公共事業の手法である。

◆解　説◆

PFIでは設計，建設，維持管理，運営の全ての業務を長期の契約として一括して委ねるものであり，従来のように細かな仕様を定めるのではなく，性能を満たしていれば細かな手法は問わない性能発注方式によることになります。

PFIでは通常，PFI事業を実施する特別目的会社（SPC）が設立され，業務を遂行し，地方公共団体はSPCの業務遂行を監視することになります。設計，建設に必要な資金の一部をSPCが金融機関等から「プロジェクトファイナンス」という借入方法で調達し，地方公共団体は提供されるサービスの対価としてSPCに資金を支払い，SPCは地方公共団体からの支払を受け，その収入をもって金融機関に借入金を返済します。

平成23（2011）年の法改正により，利用料金の徴収を行う公共施設等について，施設の所有権を公共施設等の管理者等が有したまま，運営権を民間事業者に設定する方式である公共施設等運営権方式（コンセッション方式）が創設されました。

これにより，下水道についても，民間事業者が利用料金を徴収して運営することができるようになりました。平成30年4月1日から浜松市の公共下水道事業の一部にコンセッション方式が導入されています。

問 80　指定管理者制度とはどのようなものか。

答　指定管理者制度とは，地方公共団体が指定により公の施設の管理権限を当該指定を受けた者（指定管理者）に委任するものである。指定管理者は処分に該当する使用許可ができるとともに，利用者からの料金（利用料金）を自らの収入とすることができる。

公共下水道は公の施設であり，指定管理者制度を導入することができる。

◆解　説◆

公の施設とは，住民の福祉を増進する目的をもってその利用に供するための施設をいいます（地方自治法244条１項）。

指定管理者制度では，平成15年９月に導入された指定管理者は公の施設の管理をすることができ，利用料金の収受や使用の許可もできることになります（地方自治法244条の２）。

公共下水道は公の施設であり，指定管理者制度を適用することができます。ただし，公権力の行使に関する事務については，使用の許可以外については指定管理者に任せることはできないと解されており，滞納処分が可能である下水道使用料について滞納処分はできないが，徴収管理はできると解されています。

国土交通省から平成16年３月30日付けで「指定管理者制度による下水道の管理について」が発せられています。

問 81　管理委託制度とはどのようなものか。

答　民間事業者との委託契約により，施設の管理を委託することをいう。

一部の管理行為だけでなく，包括的に管理委託することも可能とされているが，公権力の行使に係る事務を委託することはできないと考えられている。

◆解 説◆

平成15年９月に指定管理者制度が導入される前は，地方公共団体が出資している法人等に対し，管理委託することができるとされていました（改正前地方自治法244条の２第３項）。

指定管理者制度の導入により，この規定はなくなりましたが，民間事業者に管理委託することはできると解されており，公権力の行使に係る事務を除いて，下水処理場等の運転，保守点検，補修，清掃等の事実行為を包括的に民間委託できるとされています（平成16年３月30日付け国土交通省通知「下水処理場等の維持管理における包括的民間委託の推進について」）。

問82 下水道事業に地方公営企業法は適用されるか。

答 水道事業には地方公営企業法が適用されるが，下水道事業については，条例で定めることにより，地方公営企業法の全部又は一部を適用することができる。

◆解 説◆

地方公営企業法は，地方自治体の経営する企業の「組織，財務及びこれに従事する職員の身分取扱い」等について地方自治法の特例を定めています。

水道事業には地方公営企業法が適用されることとされていますが（地方公営企業法２条１項１号），下水道事業は，条例で定めることにより，地方公営企業法の全部又は一部を適用することができることとされています（同条３項）。同法施行令には，「条例で定めるところにより，法の規定の全部又は財務規定等を，条例で定める日から適用することができる。」とされています（同法施行令１条２項）。

問83　下水道事業の経理は特別会計を設けて行わなければならないか。

答　水道事業も下水道事業もその経理は，特別会計を設けて行わなければならないとされている。

◆解　説◆

地方公営企業法17条は，「地方公営企業の経理は，第２条第１項に掲げる事業ごとに特別会計を設けて行なうものとする。」と規定しています。

下水道事業は，地方公営企業法２条１項に掲げる事業ではありませんが，地方財政法上，水道事業だけでなく下水道事業もその経理は，特別会計を設けて行わなければならないとされていますので（地方財政法６条，同法施行令46条１号・13号），下水道事業の経理は特別会計を設けて行わなければなりません。

問84　下水道事業は，どのような経営原則によっているのか。

答　独立採算制によることとなっている。

◆解　説◆

地方財政法６条は，「公営企業で政令で定めるものについては，その経理は，特別会計を設けてこれを行い，その経費は，その性質上当該公営企業の経営に伴う収入をもって充てることが適当でない経費及び当該公営企業の性質上能率的な経営を行なってもなおその経営に伴う収入のみをもって充てることが客観的に困難であると認められる経費を除き，当該企業の経営に伴う収入（第５条の規定による地方債による収入を含む。）をもってこれに充てなければならない。」とし，独立採算性について規定しています。

同法施行令46条13号により，公共下水道事業には，地方財政法6条の独立採算制を適用することになっています。

問 85 下水道使用料を定めるに当たっての原則はどのようなものか。

答 妥当性，総括原価主義，定率・定額によること，差別的取扱いのないことが求められている。

◆解 説◆

下水道法20条2項が，使用料の原則を定めています。①下水の量及び水質その他使用者の使用の態様に応じて妥当なものであること，②能率的な管理の下における適正な原価をこえないものであること，③定率又は定額をもって明確に定められていること，④特定の使用者に対し不当な差別的取扱いをするものでないことが求められています。

問 86 「雨水公費・汚水私費」の原則とはどのようなものか。

答 下水道事業に係る経費の負担区分は，雨水については一般会計で，汚水については下水道使用料で賄うという，「雨水公費・汚水私費」が原則とされている。

◆解 説◆

下水のうち，雨水の排除の経費については，自然現象であり，その効果は住民全体に及ぶため，経営に伴う収入をもって充てることが適当でない経費であることから，一般会計からの繰出金で賄い，汚水については受益者である使用者からの使用料で賄うこととすることを「雨水公費・汚水私費」の原則といいます。

ただし，汚水処理に要する経費のうち，公共用水域の水質保全への効果が高い高度処理の経費や合流式下水道に比べ建設コストが割高になる分流式下水道に要する経費の一部などは，公的な便益も認められるとして公費により負担されることがあります。

第2　会　計

87　下水道事業に地方公営企業法を適用した場合には，企業会計が適用されると聞いているが，どういうことか。

答　地方公共団体の会計の年度区分は，基本的には権利義務の発生のいかんにかかわらず現実の収入支出がなされ完了した日の属する年度によるという現金主義によっているが（官庁会計），下水道事業に地方公営企業法が適用された場合，その費用及び収益はその発生の事実に基づいて計上し，その発生した年度に割り当てなければならないとされていることなど（地方公営企業法20条），企業が採用する発生主義に基づく会計（企業会計）が適用されることになる。

◆解　説◆

地方公共団体の会計の年度区分は，基本的には権利義務の発生のいかんにかかわらず現実の収入支出がなされ完了した日の属する年度によるという現金主義によっています（地方自治法施行令142条，143条参照）。これをいわゆる「官庁会計」といいます。

これに対し，下水道事業に地方公営企業法が適用された場合（財務規定だけが適用された場合を含む。），その費用及び収益はその発生の事実に基づいて計上し，その発生した年度に割り当てなければならないとされ，資産，資本，負債の増減，異動をその発生事実に基づいて整理しなければならないことになり，これは，一般企業が採用する発生主義に基づく会計（企業会計）により処理することを意味しています。

発生主義は，損益を正確に把握できるという利点があります。

コラム　複式簿記

複式簿記は，資産，負債，費用，収益，純資産が増減することを取引と定義し，取引を二面で捉え，左右（借方と貸方）に仕訳をしていき，仕訳における費用，収益を集計して損益計算書を，資産，負債，純資産を集計して貸借対照表を作成するものです。

（仕訳の例）

1　収益的収支の例

○使用料

ⅰ　調定，納入通知

借方		貸方	
未収金 （資産）	20,000	使用料収入 （収益）	20,000

ⅱ　収入

借方		貸方	
現金 （資産）	20,000	未収金 （資産）	20,000

○薬品代

ⅰ　支出命令

借方		貸方	
薬品代 （費用）	100,000	未払い金 （負債）	100,000

ⅱ　支払

借方		貸方	
未払い金 （負債）	100,000	預金 （資産）	100,000

2　資本的収支の例

○起債

i　企業債の発行

借方		貸方	
未収金 (資産)	100,000,000	企業債 (負債)	100,000,000

ii　企業債の払い込み

借方		貸方	
預金 (資産)	100,000,000	未収金 (資産)	100,000,000

○建設工事費の支出

i　支出命令

借方		貸方	
建設改良工事費 (資産)	50,000,000	未払い金 (負債)	50,000,000

ii　支払

借方		貸方	
未払い金 (資産)	50,000,000	預金 (資産)	50,000,000

○減価償却（直接法）

借方		貸方	
減価償却費 (資産)	1,000,000	建設改良工事費 (資産)	1,000,000

（損益計算書）

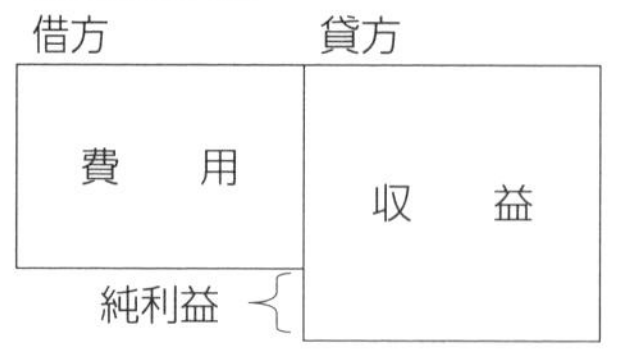

（貸借対照表）

借方	貸方
資　産	負　債
	純資産 (資本)

第3 出 納

問 88 下水道事業に地方公営企業法が適用される場合，出納はどのように行われるか。

答 地方公営企業の業務に係る出納は，管理者が行い，管理者が命じる企業出納員，現金取扱者につかさどらせることができるが，業務の執行上必要があれば，政令で定める金融機関で長の同意を得て指定したものに対して，当該地方公営企業の業務に係る公金の出納事務の一部を取り扱わせることができる（地方公営企業法27条・28条）

指定された金融機関のうち，公金の収納及び支払の事務の一部を取り扱うものを「出納取扱金融機関」，公金の収納の事務の一部を取り扱うものを「収納取扱金融機関」という（地方公営企業法施行令22条の２第２項）。

◆解 説◆

都道府県は，政令の定めるところにより，金融機関を指定して，都道府県の公金の収納又は支払の事務を取り扱わせなければならず，市町村は，政令の定めるところにより，金融機関を指定して，市町村の公金の収納又は支払の事務を取り扱わせることができるとされています（地方自治法235条）。

地方公営企業の業務に係る出納については，上記指定金融機関とは別に，業務の執行上必要があれば，政令で定める金融機関で長の同意を得て指定したものに対して，当該地方公営企業の業務に係る公金の出納事務の一部を取り扱わせることができるものとされています（地方公営企業法27条）。

コラム　コンビニ収納

地方自治法施行令158条は，使用料，手数料，賃貸料，物品売払代金，寄附金，貸付金の元利償還金について，その収入の確保及び住民の便益の増進に寄与すると認められる場合に限り，私人に徴収，収納の事務の委託をすることができる旨を規定しています。

下水道料金は，公の施設の利用による使用料であるので（地方自治法225条），地方自治法施行令158条に基づき，私人に徴収，収納委託ができるので，コンビニに収納委託をすることができます。

水道料金は，以前は，公の施設の利用による使用料であると解されていましたが，現在は給水契約に基づく対価であると解されていますので，地方自治法施行令158条は適用されません。

もっとも，地方公営企業法33条の２は，管理者は，地方公営企業の業務に係る公金の徴収，収納の事務については，収入の確保及び住民の便益の増進に寄与すると認められる場合に限り，私人に委託することができる旨を規定しており，水道事業については，地方公営企業法が当然に適用されますので（地方公営企業法２条１項），水道料金については，地方公営企業法33条の２に基づき，コンビニに収納委託をすることができます。

なお，地方自治法施行令158条の２は，地方税について，収入の確保及び住民の便益の増進に寄与すると認められる場合に限り，一定の要件を満たす者に対し，収納の事務を委託することができる旨を定めています。

第４　利用関係

問89　水道と公共下水道の利用の方法の違いは何か。

答　水道は，給水の申込みを受け，これに応じて給水することになっており（水道法15条１項・２項），これにより給水契約が成立していることになる。

これに対し，公共下水道の利用については，契約によるのではなく，公共下水道が供用開始された場合には，土地の所有者等は，遅滞なくその土地の下水を公共下水道に流入させるために必要な排水設備を設置しなければならないとされており（下水道法10条），公共下水道の利用が強制されている。

◆解　説◆

水道は，清浄で豊富低廉な水の供給を図ることで，公衆衛生の向上と生活環境の改善に寄与することを目的としています。そのため，給水の申込みに対し給水を拒否することはできませんが（水道法15条１項），水道の利用を強制するものではありません。

これに対し，公共下水道の利用が強制されているのは，公共下水道は，公衆衛生の向上だけでなく，水域の水質の保全に資することも目的としており，公共下水道が整備されたのに，これを利用せずに，公共用水域に排水し，その水質を悪化させることを防止する必要があるからです。

90　水道も下水道も公の施設か。

水道も下水道も公の施設である。

◆解　説◆

地方自治法244条は，「普通地方公共団体は，住民の福祉を増進する目的をもってその利用に供するための施設（これを公の施設という。）を設けるものとする。」と規定しています。

水道も下水道も住民の福祉を増進する目的をもってその利用に供するための施設ですので，公の施設です。

問91　公共下水道における排水施設と排水設備はどう違うのか。

答　公共下水道における排水施設は，公共下水道の設置管理者が設ける，管渠，ポンプ所，終末処理場などの施設をいう。

これに対し，排水設備とは，土地の所有者等がその土地の下水を公共下水道に流入させるために必要な排水管，排水渠，その他の排水施設をいう（下水道法10条１項）。

◆解　説◆

公共下水道は，公共下水道の設置管理者が管渠，ポンプ所，終末処理場などの施設を整備します。

そして，土地の所有者等がその土地の下水を公共下水道に流入させて公共下水道を使用することになりますが，公共下水道に流入させるために必要な排水管，排水渠，その他の排水施設が排水設備であり，排水設備は，土地の所有者等が設置し，公共下水道の設置管理者が設置した管渠に接続することになります。

実際には，公共下水道の設置管理者が設置した管渠に接続された取付管が公共ますに接続されており，土地の所有者等が設置する排水設備はこの公共ますに接続することになります（問146参照）。

下水道法２条２号にいう「下水道」は，排水管，排水渠その他の排水施設，処理施設，これらを補完するために設けられるポンプ施設，貯留施設その他の施設の総体をいうとされており，排水設備を含みます。

問92　水道における水道施設，給水装置とは何か。

答　水道を供給する者が設ける施設を水道施設という。貯水，取水，導水，浄水，送水，配水の各施設がある。

これに対し，給水装置は，水の供給を受けるために給水を受ける者が配水施設（配水管）から分岐して蛇口まで給水するために設ける装置である（水道法３条９項参照）。

◆解　説◆

給水装置における給水管は，水道を供給する者が設ける配水管から分岐して設けられています。

給水装置の所有権は全て給水装置を設置した者に帰属するので，その管理も設置者が行うことになりますが，通常，分岐から水道メータまでの部分に漏水があった場合には，お客様サービスの一環などとして，水道を供給する者が修理することとしています。

関連判例　給水装置の管理責任（東京高判平成16年12月22日判例集未搭載）

市に対し，給水装置の漏水による損害賠償請求がなされた事件について，「公の営造物とは，国又は地方公共団体その他これに準ずる行政主体により直接公の目的に供せられる有体物ないし物的施設をいうところ，当該国，地方公共団体等がこれに対して法律上の管理権を持たない場合であっても，事実上管理しているものであれば足りるが，直接公の目的に供せられることが必要である」ところ，給水装置は，「個々の水需要者のみに水を供給するための設備であって，直接市民一般に水を供給するという公の目的に供せられているものとはいい難い」から，公の営造物とはいえず，国家賠償法２条に基づく責任はないとしました。

ただ，公設管から直接分岐し，公道内を横断する私設管について，その維持管理は所有者から異議の申立てがない限り，市水道事業管理者が行うものとするほか，私有地へ引き込むため公道内を横断する工事施工に必要な道路掘さく占用許可申請等の手続についても，申込者から異議の申立てがない限り，上記管理者が行うものと定めていることなどに鑑みると，市は，本件給水管を事実上支配し，その瑕疵を修補することができ，損害の発生を防止し得る関係にあったものということができ，したがって，控訴人は本件給水管を占有していたものと認めることができるとして，民法717条１項に基づく工作物責任を認めました。

問 93　排水設備や給水装置の工事は，どのようにして行うのか。

答　下水道の排水設備の設置又は構造は，建築基準法等及び下水道法施行令で定める技術上の基準によらなければならない（下水道法10条３項，同法施行令８条，建築基準法施行令129条の２の４）。

水道の給水装置の設置又は構造については，政令で定める基準に適合しない場合には給水契約の申込みを拒むことができ，また，水道事業者が指定給水装置工事事業者を指定し，指定給水装置工事事業者の施行した給水装置であることを供給条件とすることができる（水道法16条，16条の２）。給水装置についても建築基準法施行令129条の２の４に規定する基準によらなければならない。

◆解　説◆

下水道の排水設備も水道の給水装置も建築基準法の技術上の基準によらなければならず，通常，指定の工事事業者が施工しているが，下水道の排水設備については，技術上の基準によらなければならないとされているのに対し，水道の給水装置については，技術上の基準に適合しない場合には給水を拒否できることとされている点が異なります。

問 94　指定水道工事店や指定下水道工事店とは何か。

答　指定水道工事店は，水道法16条，16条の２に基づき，水道事業者が指定する指定給水装置工事事業者のことです。

これに対し，下水道法においては，排水設備の設置等に関する事業者の指定についての規定はありませんが，通常，条例において，指定排水設備工事事業者の制度を設け，排水設備の設置等ついては，指定を受けた指定排水設備工事事業者が施工しなければならないこととされています。

◆解　説◆

指定給水装置工事事業者は，国家資格である給水装置工事主任技術者を設けなければなりません（水道法25条の４～25条の６）。

これに対し，条例で規定される指定排水設備工事事業者についても，通常，排水設備工事主任技術者を設けることとしていますが，国家資格ではありません。

問 95　排水設備や給水装置の工事をするには，どのような手続によるのか。

答　排水設備については，通常，条例において，新設等をするには下水道事業者に届出をしなければならないとされており，届出がない場合に罰則（過料）が規定されている。

これに対し，給水装置については，通常，条例において，新設等をするには水道事業者に届出をし，承認を受けなければならないとされており，承認を受けないで新設等をした場合に罰則（過料）が規定されている。

◆解　説◆

下水道の排水設備の設置，構造については，建築基準法その他の法令の規定の適用があるほか，下水道法施行令で定める技術上の基準によらなければならないとされています（下水道法10条３項）。そこで，通常，条例において，排水設備の新設等をするには下水道事業者に届け出るよう定めています。

水道の給水装置については，水道法施行令で定める基準に適合していないときは，供給規程で定めるところにより，給水の申込みの拒否などをすることができることとされています（水道法16条）。そこで，通常，条例において，給水装置の新設等をするには水道事業者に届出をし，承認を受けるように定めています。

コラム　行政罰

行政罰とは，行政上の義務の不履行に対する制裁です。

行政罰には，刑法上の刑罰を科す「行政刑罰」と刑法上の刑罰以外の制裁を科す「秩序罰」とがあります。

秩序罰としては，比較的軽微な義務違反に対して，「過料」が課されることになります。地方公共団体も条例又は規則で５万円以下の過料を科すことができます（地方自治法14条３項，15条２項）。詐欺その他不正の行為により，分担金，使用料，加入金又は手数料の徴収を免れた者については，条例でその徴収を免れた金額の５倍に相当する金額（当該５倍に相当する金額が５万円を超えないときは，５万円とする。）以下の過料を科する規定を設けることができることとされています（地方自治法228条３項）。

行政刑罰は，刑事訴訟法の定める手続により執行されます。

これに対し，法律の定める秩序罰（過料）については，非訟事件手続法の定めるところにより，地方裁判所における過料の裁判を経て検察官の命令をもって執行されます（非訟事件手続法119条以下）。また，地方公共団体の条例，規則で定める過料については，告知，弁明の機会の付与を経て行い（地方自治法255条の３），督促しても納付されないときは地方税の滞納処分の例により徴収することができます（地方自治法231条の３第１項・３項）。

問96　排水設備や給水装置を同意なく他人の土地に設置することができるか。

答　下水道の排水設備については，他人の土地又は排水設備を使用しなければ下水を公共下水道に流入させることが困難であるときは，他人の土地に排水設備を設置したり，他人の排水設備を使用することができる（下水道法11条１項）。ただし，利益を受ける範囲で費用の負担をしなければならない（下水道法11条１項・２項）。

これに対し，水道の給水装置については，法律に他人の土地に設置することができるなどの規定はないが，判例において，排水設備と同様に他人の給水設備を使用することができるとされた。

◆解　説◆

排水設備については，下水道法において，他人の土地又は排水設備を使用しなければ下水を公共下水道に流入させることが困難であるときは，他人の土地に排水設備を設置したり，他人の排水設備を使用することができるとされており（下水道法11条１項），ただ，利益を受ける範囲で費用の負担をしなければならないとされています（下水道法11条２項）。

これに対し，給水装置については，水道法その他の法律には，他人の土地に設置することができるなどの規定はありません。

しかし，民法220条は，土地の所有者が，浸水地を乾かし，又は余水を排出することは，当該土地を利用する上で基本的な利益に属することから，高地の所有者にこのような目的による低地での通水を認めています。また，民法221条は，土地の所有者がその所有地の水を通過させるため，高地又は低地の所有者が通水設備を設置した場合に，当該設備を使用する権利を認めています。これは，新たに設備を設けるための無益な費用の支出を避けることができるし，その使用を認めたとしても設備を設置した者には特に不利益を及ぼすものではないと解されるからです。

判例はこのように解して，民法220条，221条を類推し，「宅地の所有者は，他の土地を経由しなければ，水道事業者の敷設した配水管から当該宅地に給水を受け，その下水を公流又は下水道等まで排出することができない場合において，他人の設置した給排水設備をその給排水のため使用することが他の方法に比べて合理的であるときは，その使用により当該給排水設備に予定される効用を著しく害するなどの特段の事情のない限り，民法220条及び221条の類推適用により，条当該給排水設備を使用することができる」としました（最判平成14年10月15日民集56巻８号1791頁）。他人の土地に給水装置を設置することも認められると解されます。

しかし，実際には，排水設備についても給水装置についても，まずは，相手方の同意を得るように交渉することになるでしょう。

問 97 他人の土地又は排水設備を使用しないとすると，公共下水道に排水するためには，ポンプアップしなければならず，そのためのポンプ設備の費用，電気代が掛かってしまう。
この場合には，他人の土地又は排水設備を使用することができるか。

答 通常の排水設備の設置，維持の費用に加え必要となるポンプ設備の設置費用，電気代等が高額であり，その経済的負担が著しく大きいと言える場合には，他人の土地又は排水設備を使用することができると考える。

◆解　説◆

下水道法11条１項にいう他人の土地又は排水設備を使用しなければ下水を公共下水道に流入させることが困難であるというのは，土地の状況により下水を公共下水道に流入させることが困難であることをいうものと解されます。

公共下水道に排水するためには，位置関係からは他人の土地や排水設備を使用する必要はないが，高低差からポンプアップしなければならず，そのためのポンプ設備，電気代がかかってしまうとしても，それだけでは，他人の土地又は排水設備を使用しなければ下水を公共下水道に流入させることが困難であるとはいえないと考えられます。

もっとも，通常の排水設備の設置，維持の費用の他に追加的に必要となるポンプ設備の設置費用，電気代等が高額であり，その経済的負担が著しく大きい場合には，「下水を公共下水道に流入させることが困難である。」と評価され，他人の土地又は排水設備を使用することができると考えます。

問 98　排水施設である公共ますの位置を変更する必要が生じた。
下水道事業者は，当該公共ますに排水設備を接続している者に対して，自らの費用で排水設備の変更工事をするよう求めることができるか。

答　排水設備の変更工事に必要な費用は下水道事業者が負担しなければならないと考える。

◆解　説◆

排水設備は，一般的に，下水道事業者が設置する公共ますに接続します。

その後，下水道事業者が何らかの理由で公共ますの位置を変更しようとする場合には，排水設備も変更する必要が生じます。

このような場合に，排水設備の設置者が自ら排水設備の変更をしなければならない法的義務はありませんので，下水道事業者が排水設備の設置者に対し，排水設備の変更を求め，その費用は下水道事業者が負担することになると考えます。

問 99　公共下水道が供用開始された場合，排水設備の設置の他にどのような対応を求められるか。

答　くみ取便所が設けられている建築物の所有者は，公示された下水の処理を開始すべき日から３年以内にくみ取便所を水洗便所に改造しなければならない（下水道法11条の３）。

◆解　説◆

下水道法11条の３の規定は，公共下水道が整備されれば，し尿を含んだ汚水を処理することができるので，くみとり作業をしてし尿処理場で処理するよりも水洗便所により公共下水道で処理する方が公衆衛生上も清掃事業の合理化からも有効であることを理由に定められたものです。

建築基準法においても，処理区域内においては，便所は水洗便所以外の便所としてはならない旨が定められていますが（建築基準法31条１項），同法３条２項により，処理区域となる前に設置された便所についてはこの規定は適用されません。ただ，建物の増改築をした場合には適用されることになるので（同法３条３項３号），その場合には３年の猶予は与えられません（下水道法11条の３第２項）。

第５　排水の規制

問100　公共下水道に排出される汚水については，どのような目的からどのような規制がなされているか。

答　①下水道施設の機能を保全し，損傷を防止すること，及び②下水道施設からの放流水の水質を基準に適合させることを目的に，除害施設の設置を義務付けるとともに，特定事業場については，直罰制度の適用により排除基準への適合を求めている。

◆解　説◆

終末処理場を有する公共下水道に排出される汚水については，水質汚濁防止法の規制は適用されず（水質汚濁防止法２条１項），下水道法のみが規制しています。

公共下水道に排出される汚水が下水道施設の機能を損ない，損傷することを防止することは終末処理場がなくても妥当するので，終末処理場の有無にかかわらず，著しく公共下水道若しくは流域下水道の施設の機能を妨げ，又は公共下水道若しくは流域下水道の施設を損傷するおそれのある下水を継続して排除して公共下水道を使用する者に対し，政令で定める基準に従い，条例で定める除害施設の設置を義務付けています（下水道法12条1項）。

また，下水道施設からの放流水が下水道法8条の技術上の基準に適合させることを困難にするような下水が終末処理場を有する公共下水道に排水されることを防止するため，終末処理場を有する公共下水道に排水される下水について，条例で定める除害施設の設置を義務付け（下水道法12条の11），さらに，水質汚濁防止法2条2項に規定する特定施設又はダイオキシン類対策特別措置法12条1項6号に規定する水質基準対象施設（特定施設）を設置する工場又は事業場（特定事業場）については，排水基準に反する下水を排除することができないとし（下水道法12条の2），違反した場合にはそれだけで罰則が課されること（直罰）とされています。これらの特定事業場は，排水基準に違反しないよう，除害施設等を設置しなければならないことになります。

問101　特定事業場からの下水の排除について，排水基準に適合させるために下水道法においてどのような対応が規定されているか。

答　①特定施設の設置等の届出義務，設置する施設が排水基準に適合しないと認める場合の計画変更命令，②排水基準違反のおそれがある場合の改善命令，③排水基準違反の場合の直罰が設けられている。

◆解　説◆

特定事業場については，公共用水域の水質保全を図るため，まず，①特定施設の設置等の届出を義務付け（下水道法12条の3，12条の4），設置する施設が排水基準に適合しないと認める場合には計画変更命令を発することで(同法12条の５)，特定施設の設置により排水基準に適合しない排水がされないよう未然防止を図っています。

そして，特定施設設置後に，②排水基準に適合しない排水のおそれがある場合に，改善命令や停止命令をすることができることとなっています(下水道法37条の２)。

加えて，排水基準違反の場合，それだけで罰則を科すこととし，違反の防止を図っています。

水質規制

対象事業場	規制の目的	規制の方法	根拠規定	基準の定め	水質基準
排水区域内の事業場	下水道施設の機能保全と損傷防止	除害施設の設置等	下水道法12条	政令で定める基準に従い，条例で規定	温度，水素イオン濃度，ノルマルヘキサン抽出物質含有量，沃素消費量
処理区域内の事業場					
①非特定事業場 ②下水道法12条の２の適用を受けない下水を排出する特定事業場	放流水の水質確保	除害施設の設置等	下水道法12条の11	政令で定める物質に関し政令で定める基準に適合しない下水，政令で定める基準に従い条例で定める基準に適合しない下水について条例で規定	政令で定める物質に関し政令で定める基準は，処理困難な物質。 政令で定める基準に従い条例で定める基準は，処理可能な項目（生物化学的酸素要求量，浮遊物質量等）
特定事業場		直罰	下水道法12条の２	政令で定める物質に関し政令で定める基準に適合しない下水，政令で定める基準に従い条例で定める基準に適合しない下水について条例で規定	政令で定める物質に関し政令で定める基準は，処理困難な物質。 政令で定める基準に従い条例で定める基準は，処理可能な項目（生物化学的酸素要求量，浮遊物質量等）

問102 水質規制に適合しているかどうかについては，どのように確認しているのか。

答 継続して政令で定める水質の下水を排除して公共下水道を使用する者で政令で定めるもの，継続して下水を排除して公共下水道を使用する特定施設の設置者に対して，当該下水の水質の測定・結果の記録を義務付けている。また，公共下水道管理者に対し，職員をして，土地・建築物に立ち入り，排水設備，特定施設，除害施設等の検査をさせることができることとしている。

◆解　説◆

除害施設の設置や排水基準を設けても，実際に除害されているか，水質規制を遵守しているかを確認しなければなりません。

そこで，一定の要件に該当する下水を排除している者に対し，水質の測定，結果の記録の義務を課すとともに（下水道法12条の12），必要な場合には，公共下水道管理者が確認できるよう，公共下水道管理者に対し，職員の立入り，検査の権限を与えています（下水道法13条）。

問103 公共下水道管理者の職員が，土地・建築物に立ち入り，排水設備等の検査をしようとしたところ，拒否された場合，実力で排除することができるか。

答 実力で排除することはできない。ただし，検査の拒否については罰則が科されることとなる。

◆解　説◆

行政機関が行政目的を達成するために必要な情報を収集する活動のことを「行政調査」といいます。

任意調査の他，法律により強制調査が認められている場合があり，強制調査の中には実力行使が認められているものもあります（国税通則法132条など）。

下水道法13条に規定する公共下水道管理者の職員による土地・建築物への立ち入りや検査は，強制調査の一つであり，人の住居に使用する建築物に立ち入る場合を除いて，相手方の同意を必要としていません。

しかし，実力行使は認められておらず，その担保は，罰則により図られています（下水道法49条４号）。

なお，これら立入検査が，刑事責任追及のための資料の収集に直接結びつく作用を一般的に有する場合には，令状主義を定める憲法35条が適用となることから（最判昭和47年11月22日刑集26巻９号554頁），下水道法13条３項は「第１項の規定による立入検査の権限は，犯罪捜査のために認められたものと解してはならない。」として，これら立入検査が，刑事責任追及のための資料の収集に直接結びつくものとして認められたものではないことを確認しています。

104　特定施設設置後に，排水基準に適合しない排水をしている場合に，公共下水道管理者はどのような対応ができるか。

監督処分として，改善命令や停止命令をすることができる。

◆解　説◆

公共下水道管理者は，下水道法，同法に基づく命令，条例の規定に違反している者，下水道法の規定による許可，承認に付した条件に違反している者，偽りその他不正な手段により，下水道法の規定による許可，承認を受けた者に対し，許可，承認の取消し，条件の変更，行為・工事の中止・変更，その他の必要な措置を命ずることができます（下水道法38条１項）。

特定施設設置後に，排水基準に適合しない排水をしている者は，下水道法12条の２第１項あるいは第３項に違反していることになりますから，必要な措置として改善命令や停止命令をすることができます（下水道法38条）。

なお，一般には，監督処分をする前に，行政指導が行われるものと思われます。

コラム　行政指導

行政指導は，行政処分とは異なり，相手方の任意ないし合意を前提として行政目的を達成しようとするものであり，非定型的な事実行為であることから，従来，明確な定義がありませんでしたが，行政手続法において，次のように定義されました。

行政指導とは「行政機関がその任務又は所掌事務の範囲内において一定の行政目的を実現するため特定の者に一定の作為または不作為を求める指導，勧告，助言その他の行為であって処分に該当しないものをいう。」（行政手続法２条６号）

行政指導には，法律の根拠なく，相手方の自由を実質的に侵害するおそれがあるとの指摘がありますが，早期に実情に合った具体的対応を期待できるなどのメリットがあります。

105　特定施設設置後に，実際に排水基準に適合しない排水をしているわけではないが，そのおそれがある場合に，公共下水道管理者はどのような対応ができるか。

答　改善命令や停止命令をすることができる。

◆解　説◆

下水道法37条の２は，排水基準違反の状態を生ぜしめないために，実際に排水基準に適合しない排水をしていなくとも，公共下水道管理者が，特定事業場から下水を排除して公共下水道を使用する者が排水基準に適合しない排水をするおそれがあると認めるときは，改善命令や停止命令をすることができる旨を定めています。

問106 **改善命令と停止命令のいずれの命令をするのかについては，公共下水道管理者が自由に決めることができるのか。**

答 公共下水道管理者には，改善命令と停止命令のいずれの命令をするかについて裁量があるが，裁量権の逸脱，濫用があれば違法となる。

◆解　説◆

公共下水道管理者は，下水道法37条の２あるいは38条１項に基づき，改善命令や停止命令をするかどうか，また，改善命令，停止命令のいずれをするかについて裁量権を有していますが，裁量権の行使が逸脱，濫用に当たる場合には違法とされます。

停止命令は，事業所の操業停止にもつながるため，排水基準に適合しない排水やそのおそれから，すぐに排水を停止させるべき事情のある場合になされるべきであると考えます。

コラム　行政裁量

行政行為は，一般に，次のとおり，分類されています。

行政裁量とは，法律が，行政機関に独自の判断余地を与え，一定の活動の自由を認めている場合をいい，行政裁量のある行為は裁量行為と呼ばれています。

ただ，現在，完全な自由裁量と認められるものはないと考えてよく，行政庁が平等原則違反，比例原則違反など，裁量権を逸脱，濫用した場合には違法と判断されることになります（行政事件訴訟法30条）。

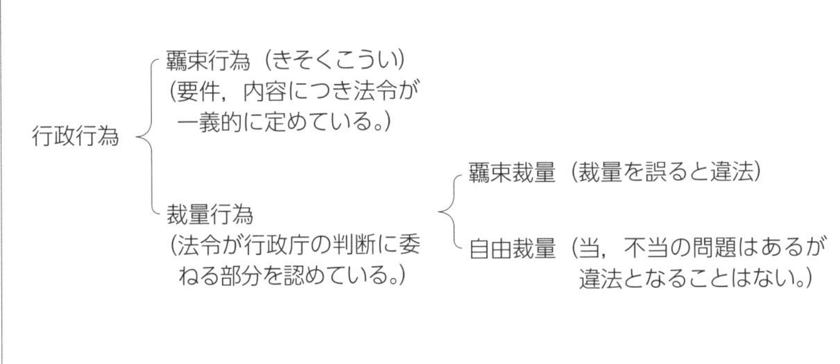

問 107　改善命令や停止命令を発する前に必要な手続はあるか。

答　改善命令や停止命令は，行政手続法に規定する不利益処分に当たるため，命令の相手方に弁明の機会を与えなければならない。

◆解　説◆

行政手続法は，「行政庁が，法令に基づき，特定の者を名あて人として，直接に，これに義務を課し，又はその権利を制限する処分」を不利益処分とし（行政手続法２条４号），許認可等を取消す処分などについては聴聞，その他の不利益処分については弁明の機会を与えなければならないとしています（行政手続法13条）。

改善命令や停止命令は，行政手続法にいう不利益処分に当たるので，相手方に弁明の機会を与えなければなりません。

問 108　改善命令や停止命令に従わなかった場合に，直接実現する方法はあるか。

答 改善命令については，行政代執行法に基づき，行政代執行をすることができる。停止命令については，直接実現する方法はない。

◆解　説◆

行政代執行法は，「法律（法律の委任に基く命令，規則及び条例を含む。以下同じ。）により直接に命ぜられ，又は法律に基き行政庁により命ぜられた行為（他人が代ってなすことのできる行為に限る。）について義務者がこれを履行しない場合，他の手段によってその履行を確保することが困難であり，且つその不履行を放置することが著しく公益に反すると認められるときは，当該行政庁は，自ら義務者のなすべき行為をなし，又は第三者をしてこれをなさしめ，その費用を義務者から徴収することができる。」としています（同法２条）。

改善命令や停止命令は，下水道法37条の２や38条に基づき命ずる行為です。

したがって，改善命令を命じられた者が履行しない場合，「他の手段によってその履行を確保することが困難」であること，「その不履行を放置することが著しく公益に反する」ことが認められる場合には，自ら改善措置を行うことができます。

ただ，停止命令は不作為を命じるものであり，命じた者が代わりにこれを行うことができるもの（代替的作為義務）ではないので，代執行の対象となりません。

代執行に要した費用は義務者に納付を命じなければならず，滞納処分により徴収することができます（行政代執行法５条，６条）。

問109　改善命令の対象者が行方不明の場合にはどうしたらよいか。

答 公共下水道管理者が，過失なくして改善命令の対象者が分からない場合には自ら改善措置を行うことができる。

◆解　説◆

改善命令は行政処分ですが，行政処分が効力を生じるためには，相手方に行政処分を通知し，到達したことが必要です（最判昭和57年７月15日民集36巻６号1146頁）。

そこで，対象者が行方不明の場合，どのようにして行政処分を相手方に通知するかが問題となります。

この点，私法上の意思表示については，公示による意思表示によることが可能です（民法98条２項）。公示による意思表示は，民事訴訟法の公示送達の規定に従い，裁判所の掲示場と官報への掲載（裁判所が認めた場合は市役所等の掲示場への掲示）により行います。

私法上の意思表示と同様に行政処分についても，この公示による意思表示によることができると考えられています。

もっとも，下水道法38条１項に基づく監督処分については，同条３項により，公共下水道管理者が，過失なくして改善命令の対象者が分からない場合には自ら改善措置を行うことができることとされています。これを「簡易代執行」と呼んでいます。

簡易代執行は，下水道法38条１項の監督処分のほか，道路法71条３項，河川法75条３項，空家等対策の推進に関する特別措置法14条10項などにも規定されています。

問110　水質規制に違反した場合の罰則の具体的内容はどうであるか。

答　継続して政令で定める量，水質の下水を排除して公共下水道を使用しようとする者，水質汚濁防止法２条２項に規定する特定施設・ダイオキシン類対策特別措置法12条１項６号に規定する水質基準対象施設の設置者が届出義務（下水道法11条の２）に違反した場合は，20万円以下の罰金（下水道法49条１号）となる。また，監督処分（下水道法38条１項）に従わなかった場合には，１年以下の懲役又は100万円以下の罰金に処せられる（下水道法45条）。

特定施設から下水を排除して公共下水道を使用する者に対する基準の順守義務（下水道法12条の２）に違反した場合は，故意の場合には懲役６月以下又は50万円以下の罰金（下水道法46条１項１号），過失による場合には３月以下の禁固又は20万円以下の罰金（同条２項）に処される。

◆解　説◆

上記いずれについても，法人の代表者，法人・人の代理人・使用人その他の従業者がその法人・人の業務に関して違反行為を行った場合は，行為者を罰するほか，その法人・人に対しても罰金刑を科するという，両罰規定が適用されます（下水道法50条）。

下水道への排水と下水道からの放流

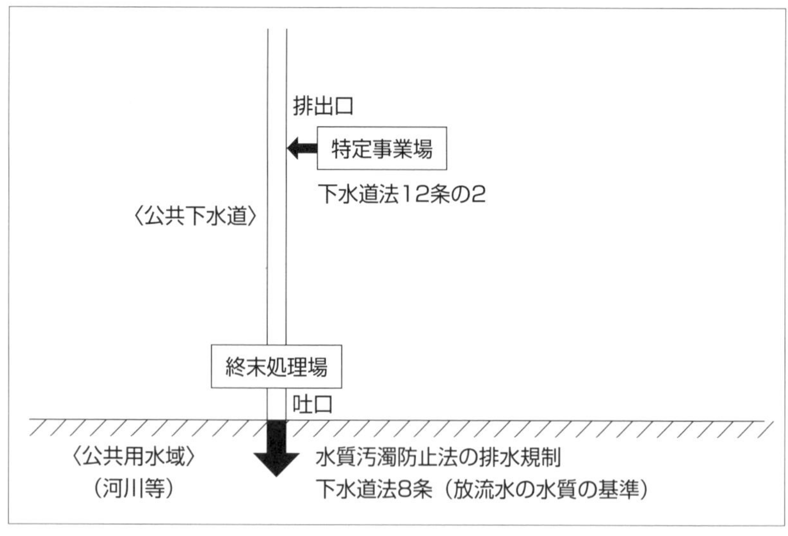

第6 料 金

問111 水道料金と下水道料金は，一般に併せて徴収されているが，具体的にはどのような手続，根拠に基づいて徴収されているのか。

答 水道の経営者と下水道事業者は同じ市町村である場合がほとんどであり，また，一般に，水道水を使用した後，そのまま汚水として排水されるため，水道の使用量を下水道への排出量とみなして，水道料金と下水道料金（下水道使用料）を併せて徴収される。

水道料金については，供給規程に定めることが予定されており（水道法14条），地方公共団体においては条例において定めることになる。

下水道料金については，条例に定めるところにより公共下水道を使用する者から使用料を徴収することができるとされている（下水道法20条）。

◆解 説◆

地方公共団体が設置する水道の水道料金については，かつては公の施設の使用料（地方自治法225条）であると解されていましたが，判例により，水道供給契約は私法上の契約であり，水道料金債権は私法上の金銭債権と解されるに至りました（東京高判平成13年５月22日ウエストロー・ジャパン）。

しかし，地方公共団体が設置する水道は，公の施設であるため，その設置，管理に関する事項は条例で定めなければならないこととされているため（地方自治法244条の２第１項），水道料金も条例で定めなければなりません。

これに対し，下水道料金（下水道使用料）については，下水道法において，条例に定めるところにより公共下水道を使用する者から使用料を徴収することができるとされているので（下水道法20条），水道料金と同様に条例で定めることになります。

コラム　下水道料金の徴収委託について

水道料金と下水道料金を併せて徴収するといっても，水道事業については，地方公営企業法が適用され（地方公営企業法２条１項１号），管理者が置かれ，業務を執行します（同法７条，８条）。

下水道事業に地方公営企業法を全部適用する場合は，下水道事業管理者が置かれるので，管理者の他の管理者への事務の委任として（同法13条の２），下水道事業管理者が水道事業管理者に下水道使用料の徴収を委任することができます。下水道事業に地方公営企業法を一部適用する場合は，長が管理者の権限を行使するので（同法34条の２），やはり，長が水道事業管理者に下水道使用料の徴収を委任することができます。

下水道事業に地方公営企業法を適用しない場合は，長は，補助機関である職員への事務の委任として（地方自治法153条１項），補助機関である水道事業管理者に下水道使用料の徴収を委任することができます。

問112　下水道料金の徴収の対象である「公共下水道を使用する者」とは，排水設備を設置した者をいうのか。

答　「公共下水道を使用する者」とは，現実に公共下水道に下水を排除する者をいうと解されており，排水設備を設置しても現実に公共下水道に下水を排除していなければ，公共下水道を使用する者とはいえない。

◆解　説◆

「公共下水道を使用する者」とは，現実に公共下水道に下水を排除する者をいうと解されています。

そのため，排水設備を設置して給水契約を締結していれば実際の排水がなくともいつでも排水できる状態にあるという意味で，「公共下水道を使用する者」といえると考えますが，排水設備を設置しても給水契約が締結されておらず，水道以外の排水もなければ，現実に公共下水道に下水を排除する者とはいえず，「公共下水道を使用する者」ではありません（昭和54

年１月22日建設省媛都下企発第１号「下水道使用料の賦課，徴収並びに排水設備の設置等の義務者について」参照）。

実務的には，下水道を使用する際には，使用届により届け出るよう，条例で定め，規則等により，水道の使用の申込みがあった場合には下水道の使用届があったものとみなすなどの対応をしているものと思われます。

問113　給水停止期間中であっても，下水道料金を徴収できるか。

答　給水停止期間中であっても，下水道料金を徴収することができる。

◆解　説◆

水道の給水契約が締結されていれば，いつでも水道が排水される状態にありますから，実際に排水されていない期間があっても，現実に公共下水道に下水を排除する者といえます。

その意味で，水道が給水停止されれば，その間は，実際に水道が排水されなくなりますが，いつでも排水される状態にあるといえますので，現実に公共下水道に下水を排除する者であるといえ，下水道料金を徴収することができると考えます。

その後，給水契約が解除されれば，以降，その者により水道が排水される可能性はなくなるので，現実に公共下水道に下水を排除する者とはいえないことになります。

問114　水道料金と下水道料金の延滞金はどうなっているか。

答　水道料金については，供給規程において遅延損害金を定めれば，その定めるところにより，定めがなければ民法上の法定利息によることになる。

下水道料金については，督促をした場合に延滞金を徴収できるが，そのためには，条例に定める必要がある。

◆解　説◆

水道料金については，私債権と解されているので，供給規程において遅延損害金を定めれば，受給者との間で合意ができたことになり，その内容によることになりますが，定めていなければ，民法に基づき，遅延損害金として最初に遅延があった時の法定利率になります（民法419条，404条２項）。

下水道料金については，公債権と解されており，地方自治法231条の３第１項，２項が適用され，条例に定めることで初めて，督促をした場合に延滞金を徴収することができることになります。

延滞金を定める条例は，下水道条例でもよいですし，下水道使用料だけでなく他の歳入も含めた延滞金条例でも構いません。

コラム　法定利率について

民法では，利息を生ずべき債権について，別段の意思表示がないときは，その利息が生じた最初の時点における法定利率によるとされ，令和２年４月１日においては３パーセントですが，３年ごとに変動するものとされています（民法404条）。そして，金銭債務の不履行による損害賠償金については，遅滞の責任を負った最初の時点における法定利率によることとされ，ただ合意による約定利率が法定利率を超える場合は約定利率によることになります（民法419条）。

法定利率については，令和２年４月１日から改正されたものであり，それより前は５パーセントに固定されており，商行為などにより発生した債権については６パーセントとされていましたが（商事法定利率），上記のように改正され，商事法定利率は撤廃されました。施行日前に遅滞があった場合の当該債権の法定利率は，５パーセント（商事法定利率は６パーセント）になります。

問115　水道料金と下水道料金が未納の場合，法的回収手段に差があるか。

答　下水道料金は滞納処分が可能であるが，水道料金は滞納処分ができず，訴訟を提起するなどして債務名義を得た後に強制執行する必要がある。

◆解　説◆

下水道料金については，地方自治法231条の３第３項，附則６条３号により，損傷負担金，汚濁原因者負担金，工事負担金とともに，地方税の滞納処分の例により処分することができるとされています。そのため，督促したのであれば，訴訟を提起することなく，財産の差押え，換価などができることになります。

これに対し，水道料金についてはこのような規定がなく，債務者の財産の差押え，換価などにより回収しようとするならば，訴訟を提起するなどして債務名義を得たのち，さらに裁判所に対し，強制執行の申立てをする必要があります。

問116　下水道料金について，滞納処分として債務者の預金口座を差し押さえたいと考えている。納税課から債務者の口座情報を教えてもらうことに問題はないか。

答　地方税法22条に規定する徴税職員による秘密漏えいに該当しないかが問題となるが，秘密に該当せず，債務者の口座情報を教えてもらうことは，地方税法22条に違反しない。

ただし，個人情報保護条例において，本人収集の原則，目的外使用の禁止が定められている場合には，その除外規定の該当性を検討しなければならない。

◆解　説◆

地方税法22条は「地方税に関する調査（不服申立てに係る事件の審理のための調査及び地方税の犯則事件の調査を含む。）若しくは租税条約等の実施に伴う所得税法，法人税法及び地方税法の特例等に関する法律（昭和44年法律第46号）の規定に基づいて行う情報の提供のための調査に関する事務又は地方税の徴収に関する事務に従事している者又は従事していた者は，これらの事務に関して知り得た秘密を漏らし，又は窃用した場合においては，２年以下の懲役又は100万円以下の罰金に処する。」と規定しています。

下水道使用料については，滞納処分が可能であり（地方自治法附則６条），徴税職員と同様に質問検査権を有するため，徴税職員が調査・徴収事務において知った情報は秘密とはいえないことから（平成19年３月27日総税企第55号「地方税の徴収対策の一層の推進に係る留意事項等について」参照），納税課から債務者の口座情報を教えてもらうことは地方税法22条には違反しないと考えられます。

ただし，地方公共団体においては，個人情報保護条例が定められ，一般に，本人収集の原則，目的外使用の禁止，外部提供の禁止が定められているので，本人収集の原則，目的外使用の禁止に違反しないように，除外規定の該当性を確認する必要があります。

問117　水道料金と下水道料金の調定，納入通知は，どのような法的意味があるか。

答　水道料金の調定，納入通知は，既に発生している水道料金債権の請求の意味がある。

下水道料金の調定，納入通知は，これにより初めて下水道使用料債権が発生する行政処分であり，併せて請求の意味があると考える。

◆解 説◆

地方自治法231条は，「普通地方公共団体の歳入を収入するときは，政令の定めるところにより，これを調定し，納入義務者に対して納入の通知をしなければならない。」と規定しています。

水道料金債権は，給水契約に基づき発生するものであり，調定，納入通知は既に発生している水道料金債権を具体的に確定させ，請求する行為です。

これに対し，下水道料金の納入通知を履行の催促と解する裁判例もありますが（東京地判昭和60年6月28日判時1166号55頁），下水道料金債権は，契約に基づき発生するものではなく，公共下水道を使用する者に対して，下水道料金の調定，納入通知をすることで初めて下水道使用料債権が発生するのであり，下水道料金の納入通知は行政処分であり，併せて支払を請求する行為であると解されます（東京高判平成28年3月9日裁判所ウェブサイト）。

下水道料金の納入通知が誤っていることを理由に，既に支払った金銭の返還を求めるには，単に返還を請求するだけではなく，行政不服審査法，行政事件訴訟法に基づき，納入通知という行政処分の取消しを求める必要があります。

コラム 行政処分

行政庁が，法律に基づき，公権力の行使として，直接・具体的に国民の権利義務を規律する行為を行政行為（行政処分）といいます。

判例は，行政事件訴訟特例法という行政事件訴訟法制定前の法律において規定されていた「行政庁の処分」について，「公権力の主体たる国または公共団体が行う行為のうち，その行為によって，直接国民の権利義務を形成しまたはその範囲を確定することが法律上認められているもの」と解しました（最判昭和39年10月29日民集18巻8号1809頁）。

行政処分としては，許可，認可などがありますが，行政処分は，たとえ違法であっても，その違法が重大かつ明白で当該処分を無効ならしめるものと認むべき場合を除いては，行政不服審査法に基づく裁決，行政事件訴訟法に基づく取消訴訟の判決，行政庁が自ら取り消すなどにより取り消されない限りその効力を有するとされています（最判昭和30年12月26日民集９巻14号2070頁）。これを公定力と呼んでいます。

問118 水道料金と下水道料金とで，納入通知の方法に差はあるか。

答 通常，水道料金と下水道料金を同じ納入通知書で納入通知を行っているが，下水道料金については，行政不服審査法82条に基づき，行政不服審査法に基づく不服申立てができる旨などの教示をするとともに，行政事件訴訟法46条に基づき，取消訴訟の被告等を教示する必要がある。

◆解　説◆

行政不服審査法82条は，「行政庁は，審査請求若しくは再調査の請求又は他の法令に基づく不服申立て（以下この条において「不服申立て」と総称する。）をすることができる処分をする場合には，処分の相手方に対し，当該処分につき不服申立てをすることができる旨並びに不服申立てをすべき行政庁及び不服申立てをすることができる期間を書面で教示しなければならない。」と規定しています。

また，行政事件訴訟法46条１項は，取消訴訟の被告，出訴期間，審査請求を経なければ取消訴訟を提起できないときはその旨を教示しなければならないとしています。

下水道料金の調定，納入通知は，これにより初めて下水道使用料債権が発生する行政処分と考えられますので，行政不服審査法の審査請求の対象となる処分であり，教示が必要です（東京高判平成28年３月９日裁判所ウェブサイト）。

コラム 口座振替の場合の納入通知

地方公共団体の歳入の納入義務者は，口座振替によって納付することができます（地方自治法施行令155条）。

この場合に，納入通知はどのように行われるかですが，納入義務者が金融機関を指定し，ここに自分宛に発行される納入通知書を送付するよう地方公共団体に申請した場合においては，納入義務者が当該納入の通知を知り得る状態にあるとみられるときに限り，当該納入義務者に係る納入通知書を当該金融機関に送付することによって行うこともできるとされています（昭和39年10月27日自治行第125号行政課長通知）。

金融機関に対する納入通知は電子データで行われていると思われますが，納入義務者に対し，口座振替のお知らせ等により，口座振替予定額や予定日が知らされているなら，納入義務者が当該納入の通知を知り得る状態にあると考えます。

問119　行政不服審査法82条に基づく教示をしなかった場合はどうなるか。

答　当該処分について不服がある者は，当該処分庁に不服申立書を提出することができる（行政不服審査法83条）。

◆解　説◆

教示とは，処分の相手方に対し，不服申立てをすることができる旨を知らせることです。行政不服審査法82条に基づく教示をしなかった場合，当該処分について不服がある者は，当該処分庁に不服申立書を提出することができ，当該処分が処分庁以外の行政庁に対し審査請求することができる処分であるときでは，処分庁は，速やかに当該不服申立書を当該行政庁に送付しなければならず，送付されたときは，初めから当該行政庁に審査請求がされたものとみなされます（行政不服審査法83条）。

問120　行政事件訴訟法46条１項に基づく教示をしなかった場合はどうなるか。

 行政事件訴訟法に定めはないが，出訴期間を徒過した場合の「正当理由」になり得る。

◆解　説◆

行政事件訴訟法46条1項に基づく教示をしなかった場合についての行政事件訴訟法の定めはありません。

ただ，行政事件訴訟法14条1項は，「取消訴訟は，処分又は裁決があったことを知った日から6箇月を経過したときは，提起することができない。ただし，正当な理由があるときは，この限りでない。」と規定しており，教示がなかったことは，この出訴期間を徒過した場合の正当理由の一つとなり得ます。

水道料金と下水道料金は，地方公共団体の債権の分類においてどのように分類されるか。

 水道料金は私債権，下水道料金は強制徴収公債権に分類される。

◆解　説◆

一般に，地方自治法231条の3第1項に規定されている「分担金，使用料，加入金，手数料，過料その他の普通地方公共団体の歳入」が公債権であり，地方自治法施行令171条の債権が私債権であると解されています。

分担金，使用料，加入金，手数料及び過料は公債権ですが，その他の債権が公債権であるか私債権であるかについては，その発生原因が行政処分によるものを公債権，発生原因が契約など私法関係と同様のものを私債権であると判断するのが一般的です。

そして，公債権の中で「分担金，加入金，過料，法律で定める使用料その他の普通地方公共団体の歳入」については，地方税の滞納処分の例により処分することができます（地方自治法231条の3第3項）。「法律で定める使用料その他の普通地方公共団体の歳入」とは，法律において「地方税の滞納処分の例により処分することができる。」などと規定されているものをいい，強制徴収公債権と呼んでいます。

水道料金は，かつては，公の施設の使用料であるとして，公債権と解されていましたが，判例が給水契約に基づき発生する私債権であると解するに至りました（東京高判平成13年5月22日ウエストロー・ジャパン，最決平成15年10月10日ウエストロー・ジャパン）。

下水道料金については，滞納処分ができる旨が規定されており（地方自治法附則6条），強制徴収公債権と解されています。

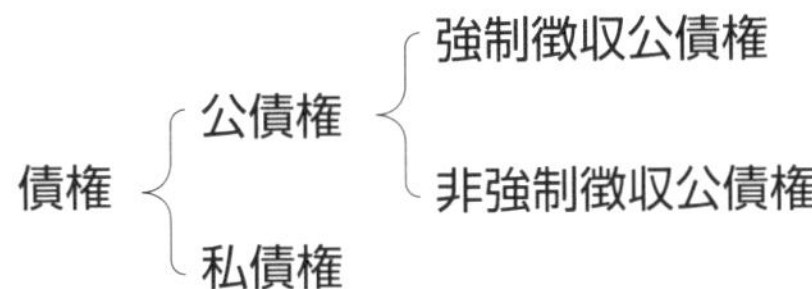

コラム 滞納処分

一般に，金銭債権について債務者から履行を強制するには，裁判所に訴訟を提起して判決を得るなどした後に（判決や公正証書などを債務名義といいます。），裁判所に不動産，動産，債権などを差し押さえて換価などをすることを求める，強制執行の申立てをしなければなりません。

これに対し，国税や地方税については，国税徴収法，地方税法に基づき，国や地方公共団体が督促をした後，滞納処分として，自ら不動産，動産，債権などを差し押え，換価などをすることができます。

国税や地方税と同様に，この滞納処分をすることができる債権を強制徴収公債権と呼んでいます。

問122 水道料金と下水道料金の消滅時効は異なるか。

答 水道料金の消滅時効の時効期間は，令和2年4月1日の前に給水契約を締結している場合は2年，令和2年4月1日以後に給水契約を締結している場合は５年である。

下水道料金の消滅時効の期間は，５年である。

◆解　説◆

公債権の時効期間は５年です（地方自治法236条１項）。下水道料金については，滞納処分ができる旨が規定されており（地方自治法231条の３第３項，附則６条），公債権と解されており，時効期間は５年とされています。

私債権については，民法が，地方自治法236条１項にいう「時効に関し他の法律に定めがあるもの」に当たると解され，民法の時効に関する規定が適用されます。

水道料金は，かつては，公の施設の使用料であるとして，公債権と解されていましたが，判例が給水契約に基づき発生する私債権であると解するに至りました。令和２年４月１日に民法が改正されたことに伴い，民法改正前に給水契約が締結された場合は改正前民法173条に基づき，時効期間は２年，民法改正以後に給水契約が締結された場合は改正後民法166条に基づき，時効期間は５年となります（改正法附則10条１項）。

下水道使用料は，強制徴収公債権ですから，時効期間は５年となります。

問123　水道料金を滞納した場合に給水停止をすることができる根拠は何か。

答　水道法15条３項は，「水道事業者は，当該水道により給水を受ける者が料金を支払わないとき，正当な理由なしに給水装置の検査を拒んだとき，その他正当な理由があるときは，前項本文の規定にかかわらず，その理由が継続する間，供給規程の定めるところにより，その者に対する給水を停止することができる。」と規定しており，この規定に基づき，水道料金を支払わない者に対し，支払うまでの間，給水停止をすることができる。

◆解 説◆

水道事業者は，給水契約の申込みを受けたときは，正当の理由がなければ，拒否できず，やむを得ない場合等以外には常時水を供給しなければなりません（水道法15条１項・２項）。

しかし，水道法15条３項は，水道料金を支払わない者に対し，支払うまでの間，給水停止をすることができる旨を定めています。

また，給水契約は，給水の権利義務と水道料金の支払の権利義務とからなる双務契約です。

双務契約においては，相手方がその債務の履行を提供するまで，自己の債務の提供を拒むことができるという，同時履行の抗弁権が認められています（民法533条）。

同時履行の抗弁権は，双務契約の債務と反対債務は互いに担保し合う関係にあること（牽連性）から認められるものですが，給水契約のような継続的な供給契約においては，滞納した債務の月分に対応した給水だけでなく，その後の給水との間にも牽連性が認められるとして，水道料金を滞納した場合に以降の給水を拒否することができることになります。

124 下水道料金を滞納した場合に下水道を使用できないようにすることは可能か。

下水道を使用できないようにすることはできない。

◆解 説◆

公共下水道の供用が開始された排水区域内の土地の所有者等は，排水設備を設置しなければならないとされており（下水道法10条１項），排水設備は公共ます等に接続させなければならないとされています（下水道法10条３項，同法施行令８条１項１号）。

そうすると，使用料の支払によって初めて公共ますに接続し，下水道を使用する権利が発生するのではなく，排水区域内の土地の所有者等は，排水設備を設置して下水を公共下水道に排除しなければならない義務があることになります。この点が，給水契約によって水道の供給を受ける権利が発生する水道（水道法15条）と異なる点です。

したがって，条例によって下水道受益者負担金や下水道使用料が定められれば，その支払義務が生じますが，支払がないからといって，公共ますを撤去するなどして排水設備の接続をできないようにして公共下水道の使用ができなくすることはできません。こうした関係からも，下水道使用料については，滞納処分ができることとなっていると考えられます（地方自治法附則６条３号）。

問125　井戸水を使用しており，その下水の排水管に計測メーターが取り付けられていたが，メーターが取り付けられた排水管を迂回する排水管を取り付け，排水し，下水道料金の一部を免れていた。どのような請求ができるか。

答　迂回する排水管を取り付けた以降の下水道使用量を条例に基づき遡及して認定して下水道使用料を調定し，納入通知をして不足分を請求することができる。

また，条例に詐欺その他不正の行為により，下水道使用料の徴収を免れた者については，過料を科する規定を設けていれば，過料を科すことができる。

◆解　説◆

1　下水道使用料

それまでの下水道使用料の調定，納入通知が誤っていたのであるから，改めて調定，納入通知をしてこれを変更し，不足分を請求することができます。

迂回する排水管を取り付けた以降の全てについて変更できるかが問題

となりますが，納入通知が行政処分であると解するのであれば，行政処分に消滅時効は適用されないと解されており，納入通知をしなければ何年分も遡って賦課できるのかという疑問もありますが，基本的には変更できると解されます。

2 過 料

また，地方自治法228条３項は，「詐欺その他不正の行為により，分担金，使用料，加入金又は手数料の徴収を免れた者については，条例でその徴収を免れた金額の５倍に相当する金額（当該５倍に相当する金額が５万円を超えないときは，５万円とする。）以下の過料を科する規定を設けることができる。」と規定しており，下水道使用料は同条にいう「使用料」に当たりますので，条例でこの旨の規定が設けられている場合には，過料を科することもできます。

ただし，「徴収を免れた金額の５倍に相当する金額以下」との規定があった場合に，具体的に何倍の過料を科すかについての裁量権があることになりますが，裁量権の逸脱，濫用と判断された場合には違法となります。

なお，裁判例は，過料についての公訴時効の適用や類推適用を否定しています。

関連判例　名古屋地判平成16年９月22日判タ1203号144頁

公衆浴場を経営する株式会社が当該会社と代表者に対し，不正配管を設置するなどの不正な行為を行ったことにより本来支払うべき下水道使用料の徴収を免れたとして，「徴収を免れた金額の５倍に相当する金額以下」との条例に基づき，３倍の過料を科したことについて，その取消しを求める取消訴訟において，次のとおり，２倍で足り，３倍の過料を科したことは裁量権を逸脱すると判示しました。

代表者が「どの程度積極的に本件の不正免脱行為を推進していたかという情状面における最も重要な事実関係は，必ずしも十分に解明されているとはいえない（その主たる原因は，Aの健康状態の悪化と，Bの内紛に伴う資料の散逸によるものと考えられるが，当時からの従業員であるLやHに対する事情聴取が行われなかった理由は明らかでない。)。これに加えて，原告は，本件不正工事の発覚後は速やかに本件不正配管の撤去・復旧工事を行った上で，被告の調査にも全面的に協力していること，不正免脱に係る下水道使用料については，分割払によって納付する旨の合意が成立し，現在，原告はこれを履行していることなどの事情を総合考慮すると，下水道の使用料の徴収を免れるための不正を防止し，適正な使用料の徴収を確保するという行政目的を達成するためには，原告に対して不正免脱金額の２倍に相当する3762万5000円の過料を科すことで足りると考えられ，したがって，本件処分のうちこれを超える部分については，その裁量権を逸脱したものと判断するのが相当である。」

なお，本判決は，地方自治法228条３項に基づく条例において，両罰規定（「法人の代表者又は法人若しくは人の代理人，使用人その他の従業者が，その法人又は人の業務に関して違反行為をしたときは，行為者を罰するほか，その法人又は人に対しても過料を科する。」などの規定）を設けることについては，刑事罰との均衡や必要性や合理性が認められるとして肯定しています。

第７　公共下水道の使用者の義務

問126｜公共下水道の使用者一般に課される義務は何か。

答　公共下水道の排水区域内の土地の所有者，使用者又は占有者は，排水設備を設置する義務があり，公共下水道の使用者は，条例の定めるところにより使用料の支払義務がある。

◆解　説◆

公共下水道の供用が開始された場合に，当該公共下水道の排水区域内の土地の所有者，使用者又は占有者は，その土地の下水を公共下水道に流入させるために必要な排水管，排水渠その他の排水施設（排水設備）を設置しなければなりません（下水道法10条）。

また，公共下水道管理者は，条例で定めるところにより，公共下水道を使用する者から使用料を徴収することができるとされており（下水道法20条），公共下水道の使用者には，条例の定めるところにより使用料の支払義務が生じます。

問127　公共下水道の使用者のうち，特定の使用者に課される義務は何か。

答　まず，公共下水道を適正に維持管理するため，当該公共下水道に排出される下水の量，水質等を把握するために，①継続して政令で定める量又は水質の下水を排除して公共下水道を使用しようとする者に届出義務（下水道法11条の２）が課されている。

次に，水質規制のための除害施設の設置として，②公共下水道の施設の機能を妨げ，又は施設を損傷するおそれのある下水を継続して排除して公共下水道を使用する者に，政令で定める基準に従い条例で下水による障害を除去するために必要な施設（除害施設）の設置義務等（下水道法12条）が課されることになる。

③有害物質など下水道で処理できない物質について政令で定める基準に適合しない下水を排除する者，及び浮遊物質など下水道で処理できる物質について政令で定める基準に従い条例で定める基準に適合しない下水を排除する者には，条例で除害施設の設置義務等（下水道法12条の11）が課されることになる。

さらに，特定施設（水質汚濁防止法２条２項に規定する特定施設又はダイオキシン類対策特別措置法12条１項６号に規定する水質基準対象施設）について，④特定施設の設置者の設置等の届出義務（下水道法12条の3，12条の４），⑤特定事業場から下水を排除して公共下水道を使用する者に，有害物質など下水道で処理できない物質について政令で定める基準，浮遊物質など下水道で処理できる物質について政令で定める基準に従い条例で定める基準の遵守義務（下水道法12条の２）が課されている。⑥継続して政令で定める水質の下水を排除して公共下水道を使用する者で政令で定めるもの及び継続して下水を排除して公共下水道を使用する特定施設の設置者には，水質の測定義務（下水道法12条の12）がある。

◆解　説◆

1　届出義務

公共下水道を適正に維持管理するため，当該公共下水道に排出される下水の量，水質等を把握するために，①継続して政令で定める量又は水質の下水を排除して公共下水道を使用しようとする者に届出義務（下水道法11条の２）が課されています。

2　除害施設の設置義務

公共下水道の施設の機能を妨げるおそれがある下水や，公共下水道からの放流水を放流基準に適合させることを困難にさせるおそれのある下水については，条例で，障害を除去するために必要な施設（除害施設）の設置等を義務づけることができます（下水道法12条）。

公共下水道からの放流水を放流基準に適合させることを困難にさせるおそれのある下水については，条例で，有害物質など下水道で処理できない物質については，政令で定める基準により，また，浮遊物質など下水道で処理できる物質については政令で定める範囲内で条例で基準を定め，除外施設の設置等を義務づけることができます（下水道法12条の11）。

3　特定事業場に関する義務

特定施設の設置者の設置等の届出義務（下水道法12条の3，12条の４）の他，特定施設を設置する工場又は事業場（特定事業場）については，下水を排除して公共下水道を使用する者の有害物質など下水道で処理できない物質について政令で定める基準，浮遊物質など下水道で処理できる物質について政令で定める基準に従い条例で定める基準の遵守義務を定めています（下水道法12条の２）。

そして，排水基準違反に対しては罰則を科することとしています（下水道法46条１項１号）。

また，排水基準に違反するおそれのある段階で改善命令を発することができることとされています（下水道法37条の２）。

なお，継続して政令で定める水質の下水を下水を排除して公共下水道を使用する者で政令で定めるもの及び継続して下水を排除して公共下水道を使用する特定施設の設置者には，水質の測定義務（下水道法12条の12）があります。

第８　条例で規定する事項

128　公共下水道について，条例ではどのような定めがなされるのか。

答　下水道法は，除害施設の設置（12条，12条の11），特定事業場からの下水排除制限（12条の２），使用料（20条），行為の制限等（24条等）などについて，条例で定めることとしている他，下水道法，下水道法に基づく命令で定めるもののほか，公共下水道の設置その他の管理に関し必要な事項は公共下水道の管理者である地方公共団体の条例で定めることとされている（25条）。

◆解　説◆

普通地方公共団体は，法令に違反しない限りにおいて，その処理する事務に関し，条例を制定できるものとされています（地方自治法14条）。条例には，法律に基づくものと地方公共団体が独自に定めるものとがあります。

下水道事業については，水質規制等，地域の実情に即した対応が求められるため，下水道法において，その多くの事務について条例で定めることとされており，その他にも，公共下水道の設置その他の管理に関し必要な事項について条例で定めることとされているのです。

下水道条例の標準的な内容を国が示しています（参考資料参照。昭和34年11月18日厚生省衛発第1108号，建設省計発第441号，厚生省公衆衛生局長，建設省計画局長通知）。

条例で定める事項	下水道法	下水道法施行令	標準条例
排水設備の設置及び構造の技術上の基準	10条３項	８条１号・６号	４条
除害施設の設置等	12条， 12条の11		８条，10条 11条，12条
特定事業場からの下水の排除の制限	12条の２ 第３項		９条
使用料	20条１項		15～16条， 24条，25条
行為の許可	24条１項， 29条		19～22条
浸水被害対策区域の指定，排水設備に適用すべき排水及び雨水の一次的な貯留又は地下への浸透に関する技術上の基準	25条の２		22条の２～ 22条の４

問129 下水道法において条例で定めることができるとされていないにもかかわらず，下水道法で定められている規制よりも広範な事項の規制や厳しい基準の規制を条例で定めることができるか。

答　基本的には，下水道法で定められている規制よりも広範な事項の規制や厳しい基準の規制を条例で定めることはできないと考える。

◆解　説◆

普通地方公共団体は，法令に違反しない限りにおいて，その処理する事務に関し，条例を制定できるものとされています（地方自治法14条）。

したがって，普通地方公共団体は，法律に基づかなくとも条例を制定できますが，法令に違反することはできません。

条例が法令に違反しているかどうかについては，徳島市公安条例事件判決（最判昭和50年９月10日刑集29巻８号489頁）において，次のとおり判示されています。

「条例が国の法令に違反するかどうかは，両者の対象事項と規定文言を対比するのみでなく，それぞれの趣旨，目的，内容及び効果を比較し，両者の間に矛盾牴触があるかどうかによってこれを決しなければならない。例えば，ある事項について国の法令中にこれを規律する明文の規定がない場合でも，当該法令全体からみて，右規定の欠如が特に当該事項についていかなる規制をも施すことなく放置すべきものとする趣旨であると解されるときは，これについて規律を設ける条例の規定は国の法令に違反することとなりうるし，逆に，特定事項についてこれを規律する国の法令と条例とが併存する場合でも，後者が前者とは別の目的に基づく規律を意図するものであり，その適用によって前者の規定の意図する目的と効果をなんら阻害することがないときや，両者が同一も目的に出たものであっても，国の法令が必ずしもその規定によって全国的に一律に同一内容の規制を施す趣旨ではなく，それぞれの普通地方公共団体において，その地方の実情に応じて，別段の規制を施すことを容認する趣旨であると解されるときは，国の法令と条例との間にはなんらの矛盾牴触はなく，条例が国の法令に違反する問題は生じえない」

法令よりも厳しい規制を定める条例を「上乗せ条例」，法令と条例が同一の目的で規制している場合に，法令で規制されていない事項について規制する条例を「横出し条例」と呼んでいます。

下水道事業については，水質規制等，地域の実情に即した対応が求められるため，下水道法において，その多くの事務について条例で定めることとされており，これは下水道法において条例で定めることとされていない事項については，全国的に一律に同一内容の規制を施す趣旨であると解されます。そのため，下水道法で定められている規制よりも広範な事項の規制（横出し）や厳しい規制（上乗せ）を条例で定めることは，基本的にはできないと考えます。

第4章

公共下水道の整備

第1 流域別下水道整備総合計画

問130 流域別下水道整備総合計画とは何か。

答 下水道法2条の2に基づき，公共用水域の環境基準を達成維持するために都道府県が定める計画である。将来人口や発生負荷量の推定を基に，環境基準の達成維持に必要な下水道整備計画区域や処理場の配置，計画処理水質等を定めている。

◆解　説◆

下水道法2条の2第1項は，流域別下水道整備総合計画の策定について，「都道府県は，環境基本法（平成5年法律第91号）第16条第1項の規定に基づき水質の汚濁に係る環境上の条件について生活環境を保全する上で維持されることが望ましい基準（以下「水質環境基準」という。）が定められた河川その他の公共の水域又は海域で政令で定める要件に該当するものについて，その環境上の条件を当該水質環境基準に達せしめるため，それぞれの公共の水域又は海域ごとに，下水道の整備に関する総合的な基本計画（以下「流域別下水道整備総合計画」という。）を定めなければならない。」と定めています。

問131 流域別下水道整備総合計画にはどのような内容が定められるのか。

答 流域別下水道整備総合計画の内容は，①下水道の整備に関する基本方針，②下水道により下水を排除し，及び処理すべき区域に関する事項，③下水道の根幹的施設の配置，構造及び能力に関する事項，④下水道の整備事業の実施の順位に関する事項，⑤公共の水域又は海域でその水質を保全するため当該水域又は海域に排出される下水の窒素含有量又は燐含有量を削減する必要があるものとして政令で定める要件に該当するものについて定められる流域別下水道整備総合計画にあっては，下水道の終末処理場から放流される下水の窒素含有量又は燐含有量についての当該終末処理場ごとの削減目標量及び削減方法に関する事項とされている（下水道法２条の２第２項）。

◆解　説◆

流域別下水道整備総合計画の策定が求められているのは，公共水域の水質の汚濁は，流域内の複数の都市から放流される汚水に起因する場合も多く，流域内の水質の汚濁を防止，解消するには，水域内で実施される下水道事業を総合的に実施する必要があるからです。

そこで，水域ごとの下水道整備に関する総合的な計画として，都道府県が，流域別下水道整備総合計画を定めることとしたものです。

国土交通省が，流域別下水道整備総合計画を策定する際の参考として，「流域別下水道整備総合計画調査　指針と解説」を作成しています。

問132　流域別下水道整備総合計画は，どのような点を考慮して策定するのか。

答　①当該地域における地形，降水量，河川の流量その他の自然的条件，②当該地域における土地利用の見通し，③当該公共の水域に係る水の利用の見通し，④当該地域における汚水の量及び水質の見通し，⑤下水の放流先の状況，⑥下水道の整備に関する費用効果分析を考慮して定めるものとされている（下水道法２条の２第３項）。

◆解　説◆

「流域別下水道整備総合計画調査　指針と解説」においては，作成の手順として，水環境等の現況と見通し，排水量と汚濁負荷量の現況と見通し，汚濁解析，目標負荷量，下水道整備計画が挙げられています。

問133　流域別下水道整備総合計画の計画期間はどのくらいか。

答　「流域別下水道総合計画調査　指針と解説」においては，20〜30年間を目安とし，おおむね30年間が望ましいとされている。

◆解　説◆

「流域別下水道整備総合計画調査　指針と解説」には，下水道は一度建設されると改造等が困難であり，その効果も長期にわたり発揮されること，人口動向に配慮して，おおむね20年以上の長期的な見通しの上で策定する必要があり，人口推計結果等の推計の精度を勘案すると，おおむね30年以内とすることが適当であることから，流域別下水道整備総合計画の計画期間は，基準年度からおおむね20〜30年間程度を目安として定めることを原則とするが，中期整備事項は，下水道整備の進捗や負荷削減状況，公共用水域の水質改善状況を確認した上で，機動的に更新する必要があることから，国勢調査の実施間隔や事業計画期間等を勘案して，基準年度からおおむね10年間の範囲で設定し，流域別下水道整備総合計画の計画期間内に更新を行うことを勘案すると，流域別下水道整備総合計画の計画期間はおおむね30年間とすることが望ましいものと説明されています。

第２　事業計画

問134　公共下水道の事業計画とは何か。

答　公共下水道管理者が公共下水道を設置しようとするときには，あらかじめ，政令で定めるところにより，事業計画を定めなければならない（下水道法４条１項）。

事業計画の策定に当たっては，都道府県知事に協議しなければならない（下水道法４条２項）。

◆解　説◆

事業計画は，下水道法４条に基づき，全体計画に定められた施設のうち，５～７年間で実施する予定の施設の配置等を定める計画です。

全体計画は，流域別下水道整備総合計画や都道府県構想などの各マスタープランに定められた目標等に基づき，将来的な下水道施設の配置計画を定めるもので，将来フレームの想定年次をおおむね20～30年後の間で設定します。

問135　事業計画に定めなければならないものは何か。

答　事業計画には，①排水施設（これを補完する施設を含む。）の配置，構造及び能力並びに点検の方法及び頻度，②終末処理場を設ける場合には，その配置，構造及び能力，③終末処理場以外の処理施設（これを補完する施設を含む。）を設ける場合には，その配置，構造及び能力，④流域下水道と接続する場合には，その接続する位置，⑤予定処理区域（雨水公共下水道に係るものにあっては，予定排水区域。），⑥工事の着手及び完成の予定年月日を定めなければならないとされている（下水道法５条）。

◆解　説◆

平成27年５月の下水道法の改正に伴い，今後の下水道の維持管理を適切なものとするため，事業計画において施設の点検の方法・頻度を定めることとされました（下水道法５条１項１号）。

事業計画の要件としては，①公共下水道の配置及び能力が当該地域における降水量，人口その他の下水の量及び水質（水温その他の水の状態を含む。以下同じ。）に影響を及ぼすおそれのある要因，地形及び土地利用の状況並びに下水の放流先の状況を考慮して適切に定められていること，②公共下水道の構造が下水道法７条の技術上の基準に適合し，かつ，排水施設の点検の方法及び頻度が同法第７条の２第２項の技術上の基準に適合していること，③予定処理区域が排水施設及び終末処理場（雨水公共下水道に係るものにあっては，排水施設）の配置及び能力に相応していること，④流域下水道に接続する公共下水道に係るものにあっては，流域下水道の事業計画に適合していること，⑤当該地域に関し流域別下水道整備総合計画が定められている場合には，これに適合していること⑥当該地域に関し都市計画法の規定により都市計画が定められている場合又は同法第59条の規定により都市計画事業の認可若しくは承認がされている場合には，公共下水道の配置及び工事の時期がその都市計画又は都市計画事業に適合していることとされています（下水道法６条）。

第３　公共下水道の整備

問136　公共下水道整備はどのような手順で行われるか。

答　流域別下水道整備総合計画及び都道府県構想を踏まえ，全体計画を作成し，都市計画決定をする。

その後，都市計画法の事業認可を得，下水道法の事業計画を作成する。

そして，実施設計，建設工事を実施し，施設の完成後，供用開始する。

◆解　説◆

下水道整備の手順は次のとおりです。

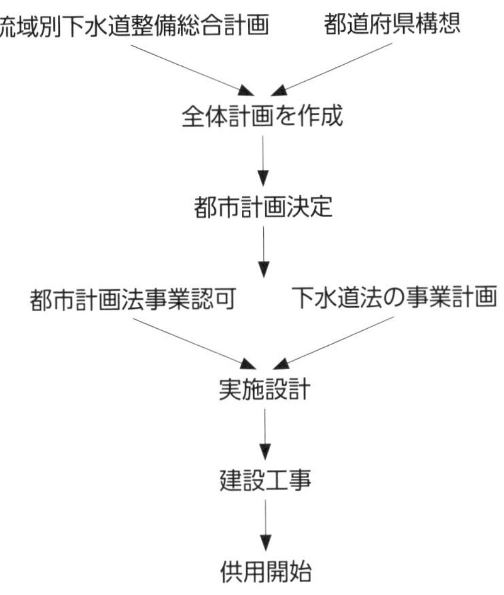

問137 公共下水道の供用開始の公示の事項はどのようなものか。

答　公共下水道の供用開始の際に公示すべき事項は,「供用を開始すべき年月日」,「下水を排除すべき区域」「その他国土交通省令で定める事項」である。また，終末処理場による下水の処理を開始しようとする場合は,「下水の処理を開始すべき年月日」,「下水を処理すべき区域」「その他国土交通省令・環境省令で定める事項」である（下水道法９条)。

◆解　説◆

国土交通省令で定める公共下水道の供用開始の公示事項は,「排水施設の位置」,「排水施設の合流式又は分流式の別」です（下水道法施行規則５条)。

また，国土交通省令・環境省令で定める下水の処理開始の公示事項は,「公共下水道の終末処理場の位置及び名称」です（昭和42年12月19日厚生省・

建設省令第１号下水の処理開始の公示事項等に関する省令１条)。

コラム　排水区域と処理区域

下水道法においては，排水区域と処理区域が区別されています。

「排水区域」とは，「公共下水道により下水を排除することができる地域で，第９条第１項の規定により公示された区域をいう。」とされており，「処理区域」とは，「排水区域のうち排除された下水を終末処理場により処理することができる地域で，第９条第２項において準用する同条第１項の規定により公示された区域をいう。」とされています（下水道法２条７号・８号)。

下水を排除することを「排水」，終末処理場により処理することを「処理」と表していることになります。

問138　下水道管はどのように敷設されているのか。

下水道管のほとんどが，公道の下に敷設されている。

◆解　説◆

下水道法，同法施行令において，公共下水道の構造上の基準は定められていますが，下水道管の敷設場所についての規定はありません。

実際には，市街地の下水道管は，家屋からの排水が接続できるよう，通常，公道の下に敷設されています。

コラム　共同溝

通常，水道管やガス管は道路の下に埋設され，電気や電話などの線は電柱に架けられています。これらの管や線を，道路の下にまとめて収容するために作ったトンネルを「共同溝」といいます。共同溝のうち，電気や電話などの線だけを収用するものを「電線共同溝」といいます。

共同溝の整備により，道路の掘り返しが必要でなくなり，電線が地中化され，景観が向上するとともに，震災時に電線の断線を防ぎ，安全性を向上することができます。

共同溝，電線共同溝の整備は，それぞれ，共同溝の整備等に関する特別措置法，電線共同溝の整備等に関する特別措置法に基づき行われています。

139 下水道管を公道の下に敷設する手続はどのように行われているか。

答 下水道管を公道の下に敷設するには，道路管理者の許可を受けなければならない。また，公道において下水道管を敷設する工事をするには，所轄警察署長の許可を得なければならない。

◆解　説◆

道路法においては，一定の工作物，物件又は施設を設け，継続して道路を使用しようとする場合には，道路管理者の許可を得なければならないとされています（道路法32条１項）。

下水道管もこれに含まれるため（同項２号），下水道管を公道の下に敷設するには，道路管理者の許可を受けなければならず，工事を実施しようとする日の１月前までに，あらかじめ当該工事の計画書を道路管理者に提出する必要があります（道路法36条１項）。

また，道路交通法77条１項１号において，道路において工事もしくは作業をしようとする者又は当該工事もしくは作業の請負人は，当該行為に係る場所を管轄する警察署長の許可を得なければならないとされています。

140 下水道管を敷設するために道路占用許可を得た場合，占用料を支払う必要があるか。

答 一般には，占用料を支払っていない。

◆解　説◆

道路法39条１項は，「道路管理者は，道路の占用につき占用料を徴収することができる。ただし，道路の占用が国の行う事業及び地方公共団体の行う事業で地方財政法（昭和23年法律第109号）第六条に規定する公営企業以外のものに係る場合においては，この限りでない。」と規定しています。

下水道事業は，地方財政法６条に規定する公営企業ですから（同法施行令46条13号），占用料を徴収することができる対象となります。

しかし，国道については，公共団体が設ける下水道管は水管とともに免除の扱いとなっています。なお，水道及び下水道の各戸引込地下埋設管も免除の対象となっています。

地方公共団体が管理する公道についても，一般には条例で同様の扱いが定められているものと思われます。

141　下水道管を私道に敷設することはあるか。

例外的に，私道に敷設する場合がある。

◆解　説◆

建物の敷地は，原則として，公道に２メートル以上接していなければなりませんが（建築基準法43条１項），私道でも位置指定道路（同項５号）や，いわゆる２項道路（同法42条２項）に接する場合，一定の基準の下，特定行政庁が認定や許可した場合（同法43条２項）には，建物を建てることができます。

位置指定道路や２項道路に接する敷地，特定行政庁の認定，許可に基づき建物を建てた場合には，各建物内の排水設備を公道の下に設置された公共下水道管に接続することが困難となります。

この場合の対応の一つとして，公共下水道管を私道に設置することが考えられますが，そのためには，私道の所有者の同意が必要となるとともに，下水道管理者が私道に設置された部分の下水道管を管理しなければならないことになります。

そこで，もう一つの対応としては，私道に接する敷地の所有者が共同で私道に排水設備を設置して公道の下水道管に接続させ，その排水設備を共同管理する方法があります。

２項道路について

建築基準法42条１項は，道路とは，①道路法による道路で幅員４メートル以上のもの，②都市計画法，土地区画整理法等による道路で幅員４メートル以上のもの，③基準時に既に４メートル以上の道として存在し現在に至っているもの，④道路法，都市計画法その他の法律による新設又は変更の事業計画のある道路で，事業者の申請に基づき，２年以内にその事業が執行される予定のものとして特定行政庁が指定したもの，⑤土地の所有者が築造する幅員４メートル以上の道で，申請を受けて，特定行政庁がその位置の指定をしたもの（位置指定道路）をいうものとしています。

建築基準法42条２項において，「この章の規定が適用されるに至った際現に建築物が立ち並んでいる幅員４メートル未満の道で，特定行政庁の指定したものは，前項の規定にかかわらず，同項の道路とみなし，その中心線から水平距離２メートルの線をその道路の境界線とみなす。」と規定されています。特定行政庁の指定は，個別にではなく，一定の要件を示して告示により一括指定されている場合があります。

この建築基準法42条２項に規定される道路を「２項道路」と呼んでいます。

２項道路に接している土地を敷地として新たに建物を建築する場合には，その中心線から水平距離２メートルの線がその道路の境界線とみなされるので，この境界線まで敷地を後退（セットバック）しなければなりません。

問142　下水道管を私道ではない民地に敷設することはあるのか。

道路下に敷設することが困難な場合に，一部，民有地の下に敷設す

る場合がある。

◆解　説◆

公共下水道の下水道管は，一般には，公道の下に敷設されますが，地理的に公道の下に全てを敷設できない場合には民有地の下に敷設する場合があります。

問143　下水道管を私有地に敷設する場合，どのような手続によるべきか。

答　区分地上権を設定して行うべきである。

◆解　説◆

下水道管を私有地に敷設する場合，当該私有地所有者の承諾が必要です。

ただ，所有者の承諾を得たとしても，その後，所有者が第三者に当該土地を譲渡した場合，譲受人に対し，下水道管の敷設について前所有者の承諾を得ていると主張することはできません。また，所有者の承諾を得る際に，所有者が第三者に土地を譲渡する際には譲受人に承継する旨の合意をしていたとしても，所有者が第三者に承継させていない場合，前所有者に対し，合意違反を主張することができるとしても，第三者に対して承継の主張をすることはできません。

そのため，所有者との間で，下水道管を敷設するために地下の一定範囲に区分地上権を設定し，登記をしておけば当該土地を取得した第三者に対しても区分地上権を主張することができます。この場合，土地の使用について，一定以上の荷重を掛けないなどの制限を定めることもできます（民法269条の２）。

問144 **下水道管を私有地の地下に所有者の承諾を得ずに敷設していたことが分かった。私有地を時効所得できるか，できない場合，下水道管を切り回したり，損害賠償等をしなければならないか。**

答 時効取得することはできない。

私有地の所有者は，下水道管の切り回しや損害賠償請求，不当利得の請求を求める権利を有するが，実際に認められかどうかについては，権利の濫用に当たらないか，損害や損失があるといえるかにより判断される。

◆解　説◆

20年間，所有の意思をもって平穏かつ公然と他人の物を占有した場合，占有者は，その所有権を取得できます。占有開始の時に善意，無過失であれば10年で所有権を取得できます。所有権以外の財産権も同様です。これを時効取得といいます（民法162条）。

下水道管が長年，私有地の地下に埋設されていた場合，当該私有地の所有権や区分地上権を時効取得することができるかについてですが，時効取得するには，公然と他人の物を占有しなければなりませんから，地下に下水道管を埋設して土地を占有していたとしても，公然と占有していることにはならず，所有権や区分地上権を時効取得することはできません。

下水道管が私有地の所有者の承諾なく私有地に埋設されていることは，所有者の所有権を侵害していることになりますから，所有者は，土地の所有権に基づく物権的請求権として，下水道管の撤去を求めることができます。もっとも，下水道管が私有地に若干，はみ出しているに過ぎない場合などには，物権的請求権を行使することが権利濫用（民法１条３項）であるとして，下水道管の撤去が認められない場合があると考えます。

そして，私有地の所有者に損害が生じていれば，所有者は損害賠償請求をすることができます。

また，下水道事業管理者が法律上の原因なく利得を得ていることになり，私有地の所有者に損失があれば所有者は不当利得返還請求（民法703条）をすることができます。

損害賠償請求の場合は，時効について，損害及び加害者を知ってから３年，行為の時から20年（令和２年４月１日施行の民法改正前は除斥期間，改正後は時効期間）ですから，20年前までの損害の賠償請求をすることができます。

不当利得の時効期間は，民法改正前は10年，改正後は，権利を行使できることを知った時から５年，権利を行使できる時から10年なので，10年前までの損害の賠償請求をすることができます。

損害賠償請求と不当利得返還請求のどちらも行使することができます。

コラム　請求権の競合について

同一の事実について，法律上，複数の請求権が発生する場合に，その数に対応するだけの請求権を認めることができるかという問題が請求権の競合の問題です。

債務不履行と不法行為，損害賠償請求権と不当利得返還請求権などにみられます。

学説においては議論がありますが，判例においては，請求権の競合が認められています。

問145　下水道施設の構造上の基準はどのようなものか。

答　公共下水道の構造は，政令で定める技術上の基準，政令で定める基準を参酌して公共下水道管理者である地方公共団体の条例で定める技術上の基準に適合するものでなければならないとされている（下水道法７条）。

下水道法施行令には，政令で定める技術上の基準として，雨水吐，終末処理場である処理施設の構造の技術上の基準が定められ（同法施行令５条の４～５条の６），公共下水道管理者である地方公共団体の条例で定める技術上の基準を定めるに当たって参酌すべき政令で定める基準として，排水施設，処理施設の構造の基準が定められています（同令５条の８～５条の11）。

◆解　説◆

雨水吐，終末処理場である処理施設の構造の技術上の基準については，全国で一律に定めるべきものと考えられ，下水道法施行令が定めています。

排水施設，処理施設の構造の基準については，地方公共団体が一定の基準を参酌しつつ，地域の特性に鑑み定めるべきものとして，同令に定める基準を参酌して条例で定めることとされています。

公共下水道管の材質には，コンクリート管，塩ビ管，陶管等様々なものがあり，太さは内径25cmから8.5mに及ぶものもあります。

問146　公共ます，取付管とは何か。

答　公共ますとは，公共下水道管理者が設置する，宅内から排出される全ての排水が合流する最終ますである。

公共ますに取り付けられた取付管が公共下水道管に接続されている。

◆解　説◆

公共ますは，取付管が，万一詰まった時に作業するためのものです。

公共ますの設置場所については，道路に設置することを原則としている場合と，道路と私有地の境界から１メートルほど私有地側に入った場所に設置することを原則としている場合があります。

ただ，いずれの場合においても，取付管から公共ますまでは公共下水道管理者が管理すべき部分となりますので，公共ますが私有地に設置されている場合に実際上の維持管理の作業に困難を来す場合があると思われます。

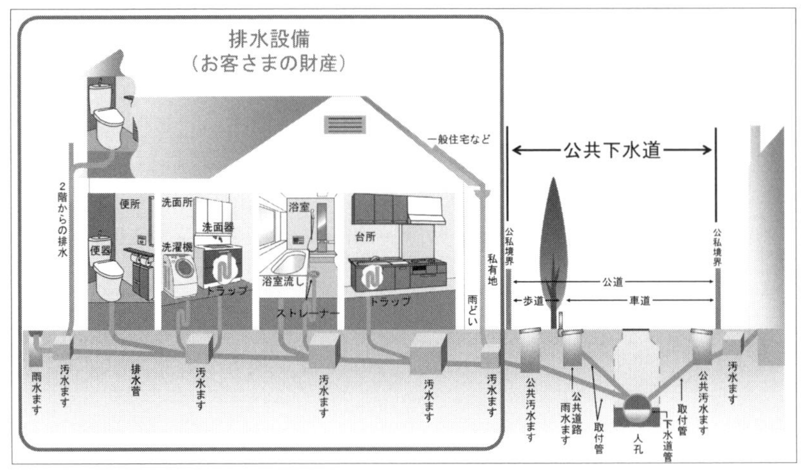

出典：東京都下水道局「下水道なんでもガイド」４頁

問 147 シールド工法とは何か。

答　下水道管を埋設する方法としては，地面を掘り起こして下水道管を埋める開削工法と埋設する下水道管の始点と終点に立坑を掘り，開削せずに立坑間に下水道管を埋設する非開削工法がある。

非開削工法の一つとしてシールド工法がある。

◆解　説◆

都市部では，道路下に多くの埋設物があるため，埋設深度が深い場合，非開削工法が用いられます。

非開削工法にはシールド工法と推進工法があります。どちらの工法も，掘進機の前面にあるビットという突起の付いた面盤を回転させて地盤を掘削します。掘削した土砂は，掘進機内に取り込んで後方に出していきます。

シールド工法は，掘進機をジャッキで押し込んで掘削し，後方にセグメントという支保材を組み立ててトンネルを築造していきます。

これに対し，推進工法は，推進管（下水道管）の先端に掘進機を取り付け，発進立坑に設置されたジャッキで推進管を押し込んで地盤を掘削し，トンネルを築造する工法です。

コラム　大深度地下

土地の所有権は，法令の制限内においてその土地の上下に及ぶとされています（民法207条）。

大深度地下を有効に活用し，公共の利益となる事業が円滑に実施されるよう，平成12年５月19日に「大深度地下の公共的使用に関する特別措置法」が成立し，平成13年４月１日より施行されています。

大深度地下とは，地下室の建設のための利用が通常行われない深さである地下40メートル以深，建築物の基礎の設置のための利用が通常行われない深さである支持地盤面から10メートル以深，のいずれか深い方の深さの地下をいいます（同法２条１項，同法施行令１条，２条）。

適用地域ですが，「人口の集中度，土地利用の状況その他の事情を勘案し，公共の利益となる事業を円滑に遂行するため，大深度地下を使用する社会的経済的必要性が存在する地域として政令で定める地域」とされており，三大都市圏（首都圏，近畿圏，中部圏）の一部区域が指定されています（同法３条，同法施行令３条，別表第一）。

対象となる事業は，道路，河川，鉄道，電気通信，電気，ガス，上下水道等の事業とされています（同法４条）。

国は，大深度地下の公共的使用に関する基本方針を定めることとなっています（同法６条）。

使用の認可の要件としては，①対象事業であること，②対象地域で施行されるものであること，③大深度地下を使用する公益上の必要があること，④事業者が十分な意思と能力を有する者であること，⑤事業計画が基本方針に適合するものであること，⑥事業により設置される施設又は工作物が，事業区域に係る土地に通常の建築物が建築されてもその構造に支障がないものとして政令で定める耐力以上の耐力を有するものであること，⑦事業の施行に伴い，事業区域にある井戸その他の物件の移転又は除却が必要となるときには，その移転又は除却が困難又は不適当でないと認められることとされています（同法16条）。

大深度地下は，通常利用されない空間であるので，公共の利益となる事業のために使用権を設定しても，原則として，補償されません。ただし，使用権の設定による土地所有権の行使の制限により具体的な損失が生じた場合には，損失補償を請求することができます（同法37条）。

問148　承認工事とは何か。

答　下水道法16条に基づき，公共下水道管理者以外の者が，公共下水道管理者の承認を受けて，公共下水道の施設に関する工事を行うことをいう。

◆解　説◆

公共下水道の施設に関する工事は，当然ながら，公共下水道管理者が行います。

しかし，例えば，既存の建物の敷地に新たに建物をもう一つ建てる場合，通常，既存の公共ますは一つですので，既存の公共ますに新たな住宅の排水設備を接続することが困難な場合，もう一つ公共ますを設置する必要が生じます。

この場合，同一敷地にもう一つ建物を建てる者の都合により公共ますを追加設置する必要が生じたものなので，通常，公共下水道管理者が公共ますを設置するのではなく，建物を建てる者が公共下水道管理者の承認に基づき公共ますを設置し，公共下水道管理者に無償譲渡するという方法がとられています。

その際，公共ますに取付管を取り付け，公共下水道管に接続する工事を伴う場合には，下水道法24条に規定する接続許可も必要となります。

承認工事の申請により承認することは，行政手続法が規定する「申請に対する処分」に該当するか。

行政手続法が規定する「申請に対する処分」に該当する。

◆解　説◆

行政手続法２条２号は，処分とは，「行政庁の処分その他公権力の行使に当たる行為をいう。」とし，同条３号は，申請とは，「法令に基づき，行政庁の許可，認可，免許その他の自己に対し何らかの利益を付与する処分（以下「許認可等」という。）を求める行為であって，当該行為に対して行政庁が諾否の応答をすべきこととされているものをいう。」としている。

承認工事は，「公共下水道管理者の承認を受けて，公共下水道の施設に関する工事又は公共下水道の施設の維持を行うことができる。」と規定する下水道法16条に基づくものです。

したがって，下水道法16条には申請について規定されていませんが，承認の前提として申請があるはずですから，承認工事の承認は，法令に基づき，公共下水道の施設に関する工事等を行うことの申請に対し，当該工事ができるという利益を付与するものであり，これにより権利の範囲を画するものであり，申請に対する処分です。

承認工事をするに当たって，道路を使用しなければならない場合，道路法に基づく占用許可は誰が受けるのか。

公共下水道管理者が許可を受けることになる。

◆解　説◆

道路法32条１項は，一定の工作物，物件又は施設を設け，継続して道路を使用しようとする場合には，道路管理者の許可を得なければならないとされており，下水道管も含まれます（同項２号）。

承認工事を行うのは承認を受けた者ですが，承認工事によって下水道管を設け，継続して道路を使用しようとするのは，公共下水道管理者になりますから，許可を受ける者は，公共下水道管理者になります。

問 151　承認工事の承認に当たって，条件を付すことができるか。

答　下水道法33条に基づき，条件を付すことができるが，必要最小限かつ相手方に不当な義務を課することとならないものでなければならない。

◆解　説◆

承認工事の承認は，法令に基づき，公共下水道の施設に関する工事等を行うことができるという利益を付与するものであり，これにより権利の範囲を画するものですから行政処分です。

行政行為の主たる内容に付加される付随的な定めを行政行為の附款といいます。

行政行為の附款は，行政行為の裁量として認められるものであり，期限，条件，撤回権の留保，負担，法律効果の一部除外があります。

下水道法33条１項は，この点を確認し，「この法律の規定による許可又は承認には，条件を附することができる。」と規定しています。

また，行政行為の裁量に逸脱・濫用があった場合には当該行政行為は違法となるので，行政行為の附款も裁量権の逸脱・濫用と評価される場合には違法となります。

下水道法はこの点に関連して，同条２項において，「前項の条件は，許可又は承認に係る事項の確実な実施を図るため必要な最小限度のものに限り，かつ，許可又は承認を受けた者に不当な義務を課することとならないものでなければならない。」と規定しています。

承認工事の承認をする際に，承認工事の確実な実施を図るために必要最小限であり，かつ相手方に不当な義務を課することとならない範囲で，条件を付したり，指示に従わない場合に承認を取り消すなどの撤回権の留保をすることができます。

承認工事の申請者・施工者が，前回の承認工事を実施した際，不適切な工事の施工や手続により，再三，指示を受けていた場合，今回の申請を不承認とすることができるか。

不承認とすることは可能と考えます。

◆解　説◆

承認工事の申請について，どのような要件があれば承認しなければならないとの法令の規定はないので，承認するかどうかについて，公共下水道管理者に裁量権があることになります。

もっとも，裁量権があるといっても，裁量権の逸脱，濫用があれば違法になります。

この点，承認工事は，本来，公共下水道管理者が行うべき下水道施設の工事を第三者がすることを認めるものですから，当該工事の内容が適正であるかだけでなく，工事の施工能力があるかどうかについても判断の対象となるはずです。

前回の承認工事を実施した際，不適切な工事の施工や手続により，再三，指示を受けていた場合には施工能力が不十分であると判断して不承認とすることもできると考えます。

ただ，承認は申請に対する処分であるので，審査基準を定めなければならず（行政手続法５条），上記内容を審査基準に定めておく必要があります。

問153 公共下水道排水区域外の排水を公共下水道排水区域の下水道本管に接続し，下水を排水することができるか。

答 公共ますや取付管の設置について，下水道法16条に規定する承認工事の承認を得るとともに，下水道法24条１項３号に規定する接続許可を得て排水区域外から公共下水道に下水を流入させることができる。

◆解　説◆

公共下水道排水区域においては，排水設備を設置し，公共下水道の公共ます等に接続して排水することになります（下水道法10条）。

しかし，排水区域外であっても，排水区域に隣接しており，下水道整備の全体計画の範囲に入っている場合などに，その下水を公共下水道に流入させてもよいのではないかという問題があり，一般に「区域外流入」と呼ばれています。

この点，公共下水道の排水施設の機能を維持するため，公共下水道の排水施設の暗渠である構造の部分に固着して排水施設を設けることなどについては，公共下水道管理者の許可が必要とされており（下水道法24条１項），区域外流入のためには，まず，この許可が必要となります。

公共下水道管理者は，この許可の申請があった場合には，必要やむを得ないものであり，政令で定める技術上の基準に適合するものであるときは，許可をしなければならないとされています（同条２項）。

一般には許可の条件として，排水設備だけでなく，公共ますや取付管の設置についても，区域外流入をしようとする者の負担で設置することを付しており，その場合には，下水道法16条の承認工事の承認が必要となります。

その他にも許可の条件として，受益者分担金を求めているものも見受けられます。

なお，区域外流入により下水を排除している者も下水道法20条１項に規定する「公共下水道を使用する者」に当たり，下水道使用料の徴収の対象著となります（昭和40年８月２日内閣法制局一発第20号「下水道法第20条にもとづく公共下水道の使用者の範囲について」）。

問154 **住民が，下水の処理については合併浄化槽で行えばよいと考えているのに，地方自治体が下水道整備事業を計画し，進めている場合，どのような訴訟が提起される可能性があるか。**

答　下水道整備事業にかかる公金の支出について，住民監査請求を行っても是正されない場合，当該地方自治体の長に対し，公金の支出の差止めや支出した職員に対し，損害賠償請求するよう求めることができる。

◆解　説◆

地方公共団体の住民は，当該地方公共団体の長などが違法・不当な公金の支出，財産の取得，管理若しくは処分，契約の締結若しくは履行若しくは債務その他の義務の負担があると認めるとき，違法若しくは不当に公金の賦課若しくは徴収若しくは財産の管理を怠る事実（怠る事実）があると認めるときは，監査委員に対し，監査を求め，当該行為を防止し，若しくは是正し，若しくは当該怠る事実を改め，又は当該行為若しくは怠る事実によって当該普通地方公共団体の被った損害を補塡するために必要な措置を講ずべきことを請求することができます。これを住民監査請求といいます（地方自治法242条）。

そして，住民監査請求の結果等に不服がある場合には，訴訟を提起することができます。これを住民訴訟といいます（同法242条の２）。

住民訴訟の請求の内容は地方自治法242条の２第１項に次のとおり規定されています。

「一　当該執行機関又は職員に対する当該行為の全部又は一部の差止めの請求

二　行政処分たる当該行為の取消し又は無効確認の請求

三　当該執行機関又は職員に対する当該怠る事実の違法確認の請求

四　当該職員又は当該行為若しくは怠る事実に係る相手方に損害賠償又は不当利得返還の請求をすることを当該普通地方公共団体の執行機関又は職員に対して求める請求。ただし，当該職員又は当該行為若しくは怠る事実に係る相手方が第二百四十三条の二の二第三項の規定による賠償の命令の対象となる者である場合には，当該賠償の命令をすることを求める請求」

したがって，下水道整備事業にかかる公金の支出が行われている場合には，支出の差止めを求めること（「１号請求」と呼ばれます。）や既に支出された金額について，支出をした当該職員に対し，損害賠償請求すること（「４号請求」と呼ばれます。）も求めることができます。

「当該職員」とは，財務会計上の行為を行う権限を法令上有するとされている者及びこれらの者から権限の委任を受けるなどして権限を有するに至った者のほか，訓令等の事務処理上の明確な定めによりあらかじめ専決することを任され，その権限行使についての意思決定を行うとされている者も含まれます。

関連判例

名古屋高判平成16年９月29日裁判所ウェブサイト

住民が町長に対し，合併処理浄化槽方式ではなく公共下水道方式を採用したことが不合理であるとして，地方自治法242条の２第１項に基づき，公共下水道事業及びその実施に必要な公金の支出等の差止めを，同項４号前段に基づき町に代位して，町長に対し，町が支出した事業費相当額について損害賠償請求をもとめた事案において，公共下水道事業の差し止めについては訴えを却下し，町長に対する損害賠償請求については著しく不合理とは言えないとして棄却しました。

（注）

「４号請求」については，平成14年９月１日の地方自治法の改正により，地方公共団体が当該職員に対して有する損害賠償請求権等の代位請求から，執行機関又は職員（通常は「長」）に対し，当該職員に対して損害賠償等をするよう求めるものとなりました。

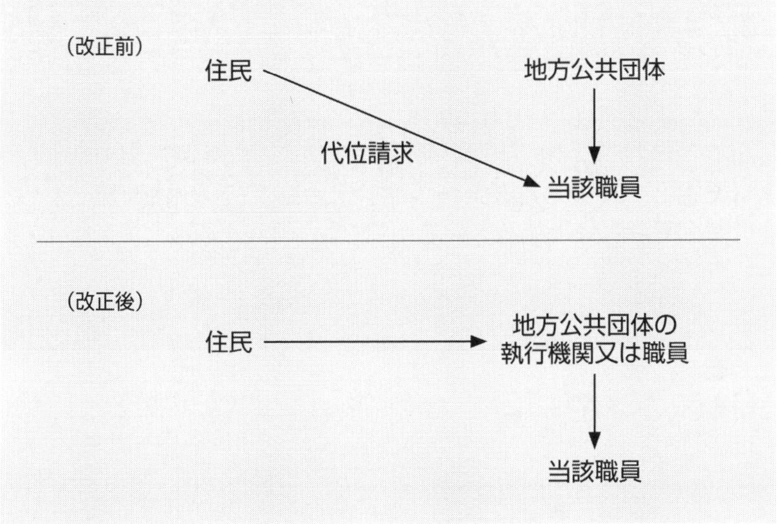

第４　ゲリラ豪雨対策

問155　内水氾濫と外水氾濫とは何か。

答　都市に降った雨が河川等に排水できずに浸水することを内水氾濫という。

また，河川からあふれて浸水することを外水氾濫という。

◆解　説◆

近年，ゲリラ豪雨と呼ばれる，大気の状態不安定により突発的に起こる局地的な集中豪雨が頻発しています。

都市においては，アスファルト舗装の道路や密集したコンクリート建物が雨水の地中への浸透を低下させ，ゲリラ豪雨があると，雨水が一気に下水道に流れ込み，道路の冠水，繁華街や地下街などに浸水被害をもたらします。

これが内水氾濫の典型です。

外水氾濫は，河川に雨水が集中的に流れ込むことにより，河川の水が堤防を乗り越えたり，堤防を決壊させて河川の外に流れ出すことをいいます。

下水道法においては，「浸水被害」について，「排水区域において，一時的に大量の降雨が生じた場合において排水施設に当該雨水を排除できないこと又は排水施設から河川その他の公共の水域若しくは海域に当該雨水を排除できないことによる浸水により，国民の生命，身体又は財産に被害を生ずることをいう。」と定義しており（下水道法２条９号），これは内水氾濫を指しています。

問156　内水氾濫に対して，どのような対策がなされているか。

答　下水道の整備のほか，調節池，浸透ますなどにより雨水を保水・浸透させることや，開発規制などが図られている。

◆解　説◆

内水氾濫に対しては，下水道の排水能力の向上が図られているほか，降った雨水を一時貯留する調節池や地下への浸透を図る浸透ますの普及，土地利用に関する開発規制などの対策が行われています。

問157　下水道整備による内水氾濫対策としては，どのようなものがあるか。

答　下水道の排水能力の向上を図るとともに，土地利用や雨水の貯留，浸透対策とも連携した対策が図られている。

◆解　説◆

下水道の排水能力の向上として，新たな下水道管の敷設などが行われるなどしています。

加えて，土地利用の計画と連携するなどして，雨水の貯留，浸透対策が図られています。

例えば，土地区画整理事業の施行者が雨水貯留施設を整備し，土地区画整理事業の区域外において雨水貯留施設に雨水を取り込むための取水管等を公共下水道管理者が整備するなどの連携が図られた例もあります。

問158　「浸水被害対策区域」の指定とはどのようなものか。

答　「浸水被害対策区域」とは，排水区域のうち，都市機能が相当程度集積し，著しい浸水被害が発生するおそれがある区域で，土地利用の状況からみて，公共下水道の整備のみによっては浸水被害の防止を図ることが困難である区域を条例で定めたものである。

「浸水被害対策区域」においては，排水設備への雨水貯留浸透施設の設置の義務づけや民間の設置する雨水貯留浸透施設を下水道事業管理者が協定の基づき管理することができることになる。

◆解　説◆

「浸水被害対策区域」の指定の対象としては，道路などの公共空間に地下構造物が輻輳して設置されており，公共下水道の雨水貯留施設の設置が困難である地域などが想定されています。

浸水被害対策区域が指定されると，条例で，下水道法10条３項の政令で定める技術上の基準に代えて，政令で定める基準に従い，条例で，排水及び雨水の一時的な貯留，地下への浸透に関する技術上の基準を定めることができることになります（下水道法25条の２）。

また，公共下水道管理者が，浸水被害対策区域内の雨水貯留施設を自ら管理する必要があると認めるときは，雨水貯留浸透施設所有者等との間で，管理協定を締結して当該雨水貯留施設の管理を行うことができます（同法25条の３）。

問159 地下河川とはどのようなものか。

答 都市部において公共施設の地下などに設置される放水路であり，地下空間を利用した人工の河川をいう。

◆解　説◆

近年，拡幅が困難な都市河川において，地下河川が建設されています。

大雨時の雨水を一時的に貯留することで，浸水被害の防止，軽減を図る機能を有します。

問160 ゲリラ豪雨でマンホールがあふれ，付近の店舗，住宅が浸水し，損害を被った。公共下水道管理者は，損害を被った者に対し，損害賠償責任を負うか。

答 公共下水道は公の営造物であり，公共下水道の設置，管理に瑕疵があった場合には国家賠償法２条に基づき，損害賠償責任を負うことになる。

公の営造物の設置，管理に瑕疵があるかどうかは，「通常有すべき安全性を欠いていた」かどうかにより判断される。

マンホールがあふれたことが「通常有すべき安全性を欠いていた」ことになるかどうかは，基本的には，施設整備が計画における能力を満たしている場合は，計画における能力が適切かどうかにより判断され，施設整備が計画における能力を満たしていない場合は，その理由に合理性があるかどうかにより判断されるものと考える。

◆解　説◆

公共下水道管理者が管理する公共下水道は公の営造物です。

道路，河川その他の公の営造物の設置，管理に瑕疵があったために他人に損害を生じたときは，国又は公共団体は損害賠償責任を負います（国家賠償法２条）。

ここで，「瑕疵」とは，通常有すべき安全性を欠くことであると解されています（最判昭和45年８月20日民集24巻９号1268頁）。

通常有すべき安全性を欠くかどうかについては，基本的には，施設整備が計画における能力を満たしている場合は，計画における能力が適切かどうかにより判断され，施設整備が計画における能力を満たしていない場合は，その理由に合理性があるかどうかにより判断されるものと考えます。

以下の裁判例においては，当該公共下水道施設の構造，用法，場所的環境，及び利用状況等から，具体的個別的に検討すべきであり，その際，通常有すべき安全性の具備については，特に浸水（溢水）発生の危険性，浸水発生の予測可能性及び浸水防止措置の実施可能性の諸要素について分析検討する必要があるとされています。

公共下水道管理者は，国家賠償責任に備え，日本下水道協会が運営する「下水道賠償責任保険」などの損害賠償保険に加入している場合も多いと思われます。

関連判例

千葉地松戸支部判平成元年１月20日判例地方自治68号67頁

集中豪雨により，下水道や水路から溢水が生じ，床下浸水の被害が生じたとして市に対し，国家賠償法に基づき損害賠償請求がなされた事案です。

下水道整備計画の計画雨水量が時間降雨量50ミリメートルであったことは合理的であり，当該下水道の流下能力がこれに満たない時間降雨量36.7ミリメートルであり，現に設置されている下水道の流下能力が下水道整備計画上の計画雨水量を下回ることが直ちに当該下水道設備の設置又は管理の瑕疵といえるか否かはともかくとして，本件降雨時の最大時間降雨量が計画雨水量の基準値を超える58.5ミリメートルであったことを理由に，仮に本件下水道の実際の流下能力が前記基準値に達していたとしても本件水害の発生は免れなかったものというべく，原告ら主張の瑕疵と本件の損害との間には因果関係を肯認することはできないとして下水道の設置・管理の瑕疵がないと判示しました。

なお，水路については，法的にも事実上も管理していなかったとして，設置・管理の瑕疵を否定しました。

大阪地判昭和62年６月４日判時1241号３頁

台風による豪雨によりマンホールや排水口等から下水が溢水し，浸水被害を受けたとして，下水の放流先である河川の管理者である国，国からの機関委任事務を行っていた大阪府，下水道を管理する大阪市に対し，国家賠償法に基づき損害賠償請求がなされた事案です。

大阪府の河川改修計画，大阪市の下水道計画はいずれも不合理ではなく，不整合も認められないとした上で，市計画に基づく平野処理区の下水道施設の整備は既に完了していたのに対して，府計画に基づく平野川及び同分水路の改修は未了の状態であったがために上記溢水が発生したとしました。

その上で，平野川及び同分水路の改修が未了の状態であった点については，河川の自然公物としての特性等から過渡的な改修もやむを得ないとして，管理の瑕疵があったとはいえないとしました（最判昭和59年１月26日大東水害訴訟民集38巻２号53頁参照)。

また，豪雨により平野川分水路が危険水域を超えたため，下水を同分水路に排水するための抽水所の排水ポンプの調整運転を余儀なくされたことについては，調整運転をしなければ，河川の溢水や決壊のおそれもあったとして，民法720条の緊急避難の規定を類推適用し，違法性が阻却されるとして，国家賠償責任を否定しました。

公共下水道は，自然公物である河川とは異なり，人口公物であることを理由に過渡的な整備を認めることはできないとし，「当該公共下水道施設が通常有すべき安全性を備えていたかどうかを当該公共下水道施設の構造，用法，場所的環境，及び利用状況等から，具体的個別的に検討すべきであり，その際，通常有すべき安全性の具備については，特に浸水（溢水）発生の危険性，浸水発生の予測可能性及び浸水防止措置の実施可能性の諸要素について分析検討する必要があるものと考えられる」とした上で，「公共下水道施設が通常有すべき安全性を備えているというのは，計画上予定される降雨強度に対応した雨水流出量を迅速かつ滞りなく抽水所に集水したうえで全量，河川等に放流することができ，内水滞留を生じさせない機能を具備していることを意味する。そして，右安全性の有無は，当該下水道施設自体の規模，流下及び排水能力のみならず，放流先河川の流下能力まで含めて検討して決めるべきであり，たとえ当該下水道施設自体は計画雨水流出量を十分流下，放流できる能力を備えていたとしても，放流先河川が抽水所等からの放流雨水を受け入れることができるだけの流下能力を備えていなければ，現実には雨水を排水することは不可能であり，のちに詳しくみるとおり別途に排水しえない余剰雨水について適切な滞留防止措置を講じておかない限り，当該公共下水道施設は内水滞留の危険性を有するものとして，安全性が欠如していると解すべきである。」としました。

そして，「大阪市は本件施設整備の進展の度合に対応して，余剰雨水による浸水を防止するに足る施策を計画実施すべきであった」として，市の下水道施設の設置管理には瑕疵があるとして，国家賠償法に基づく損害賠償を認めました。

第５　公共下水道管と排水設備の管理責任

**問161　街路樹が，市が設置，管理する公共下水道管の継手部分の隙間から侵入し，詰まったため，下水が建物の排水設備に逆流し，建物及び備品を汚損した。
市は損害賠償責任を負うか。**

答　市は，汚損された建物や備品の所有者に対し，損害賠償責任を負うと考えられる。

◆解　説◆

市が設置，管理する公共下水道管の継手部分に適切な施工によれば生じない隙間があり，その隙間から街路樹の根が侵入したという場合には，その設置又は管理において通常有すべき安全性を欠いていたといえ，当該公共下水道管の設置又は管理に瑕疵があったと考えられます。

したがって，市は，国家賠償法２条に基づき，建物等の所有者に対し，被った損害の損害賠償責任を負うと考えられます。

損害の内容としては，まず，汚染された物の洗浄費用があります。食器などの洗浄して使用することを求めることが不合理であるものについては，汚損したとしてその時価額を損害額とすることができると考えます。

また，店舗などの営業を行っていた場合に，汚損により休業せざるを得なかった場合には，その営業損害も損害に含まれます。営業損害とは，得べかりし利益を得られなかったことによる損害をいいます。具体的には，個人事業の場合，前年の所得（売上額からこれを得るために必要とした原価と経費を差し引いたもの）を基礎に，休業日数に応じて算出しますが，休業中も事業の維持・存続のために支出することがやむを得ない時の家賃，従業員給料，減価償却費などの固定費は営業損害として認められます。

問162　排水設備の隙間へ街路樹の根が侵入し，排水設備が壊れた場合，排水設備の設置者は，街路樹の管理者に損害賠償を請求できるか。

答　排水設備が適正に管理されずに隙間が生じ，隙間から漏水していたために街路樹の根が通常伸びる範囲を超えて，水分が出ている排水設備に向かって伸び，侵入したというなら，街路樹の管理者に損害賠償を請求することはできないと考えられる。

◆解　説◆

街路樹も道路の附属物であるので，営造物であり，その設置，管理に瑕疵があり，これにより第三者に損害を与えた場合，営造物を管理する国や地方公共団体は損害賠償責任を負うことになります（国家賠償法２条）。

そのため，街路樹の設置，管理に瑕疵があるかどうかが問題となりますが，排水設備が適正に管理されずに隙間が生じ，隙間から漏水していたために街路樹の根が通常伸びる範囲を超えて，水分が出ている排水設備に向かって伸び，侵入したという場合には，街路樹の管理者に街路樹の設置，管理についての瑕疵はないと考えられ，損害賠償を請求することはできません。

第5章

工事請負契約

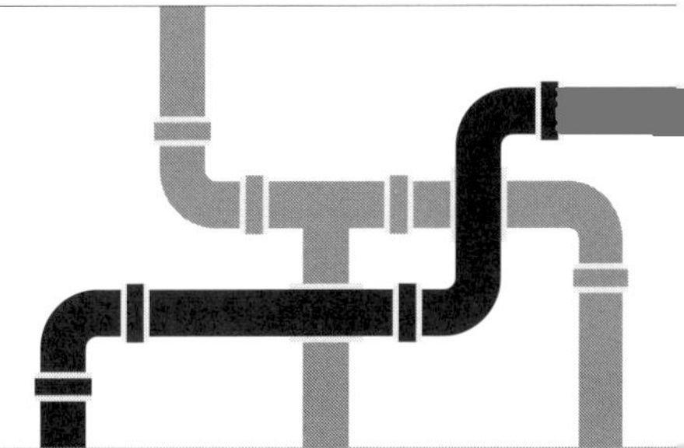

第１　工事請負契約の締結手続

問163　下水道工事を業者に委託する際，業者と工事請負契約書を締結しているが，自由に工事請負契約を締結することができるか。

答　地方自治法において契約締結手続が定められているほか，建設業法において，建設工事の請負について，建設工事の請負契約の適正化と発注者の保護を図るため，請負契約の締結・書面の作成，取引上の地位の不当利用の禁止，一定の見積期間の設置，一括下請負の禁止，下請代金の支払に関する規定が設けられている。

また，公共工事の入札及び契約の適正化の促進に関する法律（以下「公共工事適正化法」という。）において，公共工事の入札及び契約について，情報の公表，不正行為等に対する措置，適正な金額での契約の締結等のための措置及び施工体制の適正化等が定められている。

したがって，工事請負契約の締結手続は，これら法令に反することはできない。

◆解　説◆

請負契約については，民法に定めがありますが，任意規定が多く，注文者と請負人との間で自由に契約内容を定めることができることとしています（民法632条～642条）。

しかし，まず，工事請負契約締結の方法について，地方公共団体が売買，賃借，請負等の契約を締結するには，一般競争入札，指名競争入札，随意契約又はせり売りのいずれかの方法によらなくてはならないとされています（地方自治法234条１項）。

次に，建設業を営む者の資質の向上，建設工事の請負契約の適正化等を図ることによって，建設工事の適正な施工を確保し，発注者を保護するとともに，建設業の健全な発達を促進し，もって公共の福祉の増進に寄与することを目的に建設業法が制定されています（建設業法１条）。また，建設業は，受注先から注文を受けて生産を始める受注産業であることなどから発注者側に有利な契約となりがちであるとともに，建設工事の内容が複雑なことが多く，契約内容が不明確になりやすいです。そこで，建設業法では，「建設工事の請負契約」の章を設け，請負契約の内容について詳細に定めるとともに発注者と建設業者の立場を対等とする各種の規定が置かれています。請負契約の締結と書面の作成（同法18条，19条），取引上の地位の不当利用の禁止（同法19条の3，19条の４），一定の見積期間の設置（同法20条３項），一括下請負の禁止（同法22条），下請負代金の支払（同法24条の３）などがあり，これらは強行規定であると解されますので，これらの規定に従う必要があります。

なお，公共工事適正化法において，公共工事については，建設業法22条３項の一括下請負の禁止についての規定を適用しないとされています（同法14条）。

コラム　任意規定と強行規定

民法91条は，「法律行為の当事者が法令中の公の秩序に関しない規定と異なる意思を表示したときは，その意思に従う。」と規定しています。

このことから，法令の中には「公の秩序に関するもの」と「公の秩序に関しないもの」とがあり，「公の秩序に関しないもの」については，これに反する意思によることもできることになります。「公の秩序に関する規定」を強行規定，「公の秩序に関しない規定」を任意規定と呼んでいます。

例えば，借地借家法９条は，「この節の規定に反する特約で借地権者に不利なものは，無効とする。」と規定しているので，強行法規であると分かりますが，このような文言がない限り，規定の文言だけでは強行規定であるか，任意規定であるかが分からないので，規定の趣旨から判断することになります。

問164　工事請負契約を締結するに当たって，議会の議決が必要となる場合があるか。

答　普通地方公共団体が，地方自治法96条１項５号，同法施行令121条の２，別表第三における基準に従い条例で定める一定金額を超える工事又は製造の請負契約を締結するには，議会の議決が必要とされているが，下水道事業について，条例で地方公営企業法を全部適用するとした場合には，議会の議決は必要でない。条例で地方公営企業法を全部適用するとしない場合は，議会の議決が必要である。

◆解　説◆

普通地方公共団体が，地方自治法96条１項５号，同法施行令121条の２，別表第三における基準により条例で定める一定金額を超える工事又は製造の請負契約を締結するには，議会の議決が必要とされています。

ただし，地方公営企業法40条１項は，地方公営企業の業務に関する契約の締結については，地方自治法96条１項５号の適用を除外しています。

したがって，下水道事業について，条例で地方公営企業法を全部適用するとした場合には，議会の議決は必要ありません。

なお，地方公営企業法40条は，地方公営企業の業務に関し，契約の締結のほか，適正な対価なくして財産を譲渡すること等，不動産を信託すること，その種類及び金額について政令で定める基準に従い条例で定める財産の取得又は処分をすることについては議決の必要がなく（同条１項），負担付きの寄附等を受けること，訴えの提起等については，条例で定めるものを除き，議決を必要とするとの地方自治法の規定を除外しています（同条２項）。

別表第三

工事又は製造の請負	都道府県	千円 500,000
	指定都市	300,000
	市（指定都市を除く。次表において同じ。）	150,000
	町村	50,000

コラム　総価契約と単価契約

総価契約とは，契約締結時に請負代金金額を確定しておくものです。

これに対し，単価契約とは，施工数量が不確定な場合に，単価を定め，一定の期間における予定施工数量を定めるが，請負代金については，当該期間内の実際の施工数量を基に請負代金額を確定する契約をいいます。

問165

工事請負契約の予定価格や最低制限価格が誤積算のために誤っていたことが判明し，本来であれば，落札できない者に落札通知をしていることが分かった。

このまま，契約手続を進めてよいか。

答　そのまま，契約手続を進めて契約しても契約は有効であるが，契約の公正を確保する観点から，落札者と話し合い，合意解除するという対応もあると考える。

◆解　説◆

工事請負契約の入札の際，予定価格や最低制限価格が誤っていたことが分かり，落札額が予定価格を超えていたり，最低制限価格を下回っていたことが落札後に判明した場合に，どのように対応したらよいか，問題となります。

予定価格や最低制限価格の設定は，発注者側の都合であり，他の業者に契約を締結してもらえる権利があるわけではないので，契約自体が無効となることはありません。

もっとも，誤りがなければ落札していなかった者が落札したことになるため，契約の公正を確保する観点からもう一度，入札手続をやり直すという対応も考えられます。

この場合，落札した者との関係が問題となりますが，法的には，入札の公告が契約の予約の申込みの誘因であり，入札の申込みが契約の予約の申込み，落札の通知がその承諾に当たり，落札の通知により契約の予約が成立します。

予定価格や最低制限価格が誤っていたために落札の通知をした場合，意思表示に錯誤があったと考えられますが，重大な過失があると思われますので，取消しをすることはできないと解します（民法95条3項）。

したがって，入札手続をやり直すといっても，落札者と協議し，契約の予約を合意解除する必要が生じます。

コラム 契約について

契約は，申込みとこれに対する相手方の承諾により成立します（民法522条1項）。

申込みは，その内容で承諾があれば契約が成立するという程度に内容に具体性がなければならないので，そのような具体性がない表示は相手方に申込みをさせようとする意思の通知であり，「申込みの誘因」と呼ばれています。

契約に当たっては，一般に契約書が作成されていますが，法的には，契約の成立には，法令に特別の定めがある場合を除き，書面を作成する必要はありません（民法522条2項）。

この点，地方自治法234条5項は，「普通地方公共団体が契約につき契約書又は契約内容を記録した電磁的記録を作成する場合においては，当該普通地方公共団体の長又はその委任を受けた者が契約の相手方とともに，契約書に記名押印し，又は…なければ，当該契約は，確定しないものとする。」と規定しています。

問166 **職員が，業者に公表されていない予定価格を漏らし，当該業者が落札したことが判明した。契約を取り消すことができるか。**

答　落札により成立した契約の予約を取り消すことができる。また，工事請負契約を締結した後も，工事請負契約を取り消すことができる。

◆解　説◆

入札の公告の際に，不正な方法により落札した場合に落札を取り消すことができる旨，定めていればこれにより落札を取り消すことができます。

また，職員が，業者に予定価格を漏らしたのだとしても，組織的に関与していない限り，発注者が欺もうされたといえますから，民法96条１項に基づき，詐欺を理由に落札により成立した契約の予約を取り消すことができます。

問167 **職員が，業者に公表されていない予定価格を漏らし，当該業者が落札した場合，当該職員や業者にはどのような責任があるか。**

答　職員には，入札談合等関与行為の排除及び防止並びに職員による入札等の公正を害すべき行為の処罰に関する法律（以下「官製談合防止法」という。）８条，地方公務員法34条（守秘義務）違反による刑事責任，懲戒処分による責任が生じる。

業者には，刑法96条の６第１項（公契約関係競売等妨害罪）違反の刑事責任がある。

◆解　説◆

官製談合防止法８条は，職員が，その所属する国等が入札等により行う売買，貸借，請負その他の契約の締結に関し，その職務に反し，事業者その他に談合を唆すこと，事業者その他の者に予定価格その他の入札等に関する秘密を教示すること又はその他の方法により，当該入札等の公正を害すべき行為を行ったときは，５年以下の懲役又は250万円以下の罰金に処するとされています。

また，地方公務員法34条は，「職員は，職務上知り得た秘密を漏らしてはならない。その職を退いた後も，また，同様とする。」と規定し，同法60条は，34条の守秘義務違反の場合，１年以下の懲役又は50万円以下の罰金に処するとしています。

刑法96条の６第１項は，「偽計又は威力を用いて，公の競売又は入札で契約を締結するためのものの公正を害すべき行為をした者は，３年以下の懲役若しくは250万円以下の罰金に処し，又はこれを併科する。」としています。

第２　工事請負契約の内容

問168　公共工事標準請負契約約款とは何か。

答　国土交通省内に設置された中央建設業審議会において作成した公共工事の請負契約に係る契約書のひな形であり，下水道工事を業者に委託する際の工事請負契約書も公共工事標準請負契約約款を基に作成されている。

◆解　説◆

建設業法34条２項に基づき，国土交通省内に設置された中央建設業審議会が，請負契約の当事者間の具体的な権利義務関係を律するものとして標準請負契約約款を作成し，その実施を勧告しています。

標準請負契約約款のうち，公共工事の発注契約に係る約款が，「公共工事標準請負契約約款」です。民間工事については，「民間建設工事標準請負契約約款」，下請工事については，「建設工事標準下請契約約款」があります。

下水道工事は，建設業法における建設工事に含まれるため，下水道工事を業者に委託する際の工事請負契約書も公共工事標準請負契約約款を基に作成されています（建設業法２条１項，別表第一の上欄「水道施設工事」）。

問169　公共工事標準請負契約約款を引用して，工事請負契約が締結された場合，当該工事請負契約書は民法にいう「定型約款」となるのか。

答　工事請負契約は民法にいう「定型約款」には当たらないと解される。

◆解　説◆

約款とは，同種の取引を同じように処理するためにあらかじめ定められた標準的な契約条項をいいます。銀行，保険等における約款が代表的なものです。

約款は，大量定型的取引の迅速処理の要請等から作成されるものであるとして，約款の内容について認識を欠いても当事者間の合意が擬制されるとする判例がある一方（大判大正４年12月24日民録21輯2182頁），当事者が認識していなかった約款の条項の効力を否定する裁判例もありました。

そこで，令和２年４月１日施行の改正民法においては，定型約款の定義，定型約款による契約の成立，定型約款の変更等についての規定を設けました（改正民法548条の２～548条の４）。

①ある特定の者が不特定多数の者を相手方として行う取引であって，②その内容の全部又は一部が画一的であることがその双方にとって合理的なものを「定型取引」とし，定型取引において契約の内容とすることを目的としてその特定の者に用意された条項の総体を「定型約款」としています。

定型取引を行うことの合意をした者は，①定型約款を契約の内容とする旨の合意をしたとき，又は，②定型約款を準備した者があらかじめその定型約款を契約の内容とする旨を相手方に表示していたときは，個別の条項についても合意をしたものとみなすとされます（民法548条の２）。

この点，建設工事は，契約相手方の個性に注目して締結されることから，「ある特定の者が不特定多数の者を相手方として行う取引」とはいえず，定型取引ではなく，そのため，工事請負契約約款は不特定多数要件を満たさず，改正民法にいう定型約款に当たらないと解されます。

したがって，公共工事標準請負契約約款を引用して，工事請負契約が締結された場合の当該工事請負契約書は民法にいう「定型約款」とはなりません。

工事請負契約の工事遅延違約金条項について契約時に留意していなかったとして合意を否定した裁判例があり（東京地判昭和50年７月16日金融・商事判例491号39頁），注意が必要です。

問170　公共工事標準請負契約約款には，どのような内容が規定されているか。

答　公共工事標準請負契約約款は，国，政府関係機関，地方公共団体のほか，電力会社，鉄道会社等の常時工事を発注する者が行う建設工事を対象とした標準的な契約約款であり，契約書という部分に工事名，工事場所，工期，請負代金金額等が記載され，発注者と請負人が記名押印することとなっている。

また，約款という部分に，条項が定められている。

◆解　説◆

公共工事標準請負契約約款の条項の項目は下表のとおりです。

具体的内容は，国土交通省のホームページを参照して下さい。

URL：https://www.mlit.go.jp/totikensangyo/const/1_6_bt_000092.html

1　総則	第１条　総則 第２条　関連工事の調整 第３条　請負代金内訳書及び工程表 第４条　契約の保証 第５条　権利義務の譲渡等 第６条　一括委任又は一括下請の禁止 第７条　下請負人の通知 第８条　特許権等の使用
2　施工体制，施工管理	第９条　監督員 第10条　現場代理人及び主任技術者等 第11条　履行報告 第12条　工事関係者に関する措置請求 第13条　工事材料の品質及び検査等 第14条　監督員の立会い及び工事記録の整備等 第15条　支給材料及び貸与品 第16条　工事用地の確保等 第17条　設計図書不適合の場合の改造義務及び破壊検査等
3　条件変更，設計変更，工期，請負代金額等	第18条　条件変更等 第19条　設計図書の変更 第20条　工事の中止 第21条　著しく短い工期の禁止 第22条　甲の請求による工期の短縮等 第23条　発注者の請求による工期の短縮等 第24条　工期の変更方法 第25条　請負代金額の変更方法等 第26条　賃金又は物価の変動に基づく請負代金額の変更
4　損害等	第27条　臨機の措置 第28条　一般的損害 第29条　第三者に及ぼした損害 第30条　不可抗力による損害 第31条　請負代金額の変更に代える設計図書の変更
5　請負代金の支払い方法等	第32条　検査及び引き渡し 第33条　請負代金の支払い 第34条　部分私用 第35条　前金払及び中間前金払 第36条　保証契約の変更 第37条　前払金の使用等 第38条　部分払 第39条　部分引渡し 第40条　債務負担行為に係る契約の特則 第41条　債務負担行為に係る契約の前金払の特則 第42条　債務負担行為に係る契約の部分払の特則 第43条　第三者による代理受領 第44条　前払金等の不払に対する工事中止

6　履行遅滞，瑕疵担保，解除等	第45条　契約不適合責任 第46条　発注者の任意解除権 第47条　発注者の催告による解除権 第48条　発注者の催告によらない解除権 第49条　発注者の責めに帰すべき事由による場合の解除の制限 第50条　公共工事履行保証証券による保証の請求 第51条　受注者の催告による解除権 第52条　受注者の催告によらない解除権 第53条　受注者の責めに帰すべき事由による場合の解除の制限 第54条　解除に伴う措置 第55条　発注者の損害賠償請求等 第56条　受注者の損害賠償請求等 第57条　契約不適合責任期間等 第58条　火災保険等
7　紛争の解決等	第59条　あっせん又は調停 第60条　仲裁 第61条　情報通信の技術を活用する方法 第62条　補足

問 171　建設工事紛争調停委員会とは何か。

答　建設工事紛争調停委員会は，工事の請負契約をめぐるトラブルの解決を図る準司法機関であり，国に置かれる中央審査会と都道府県に置かれる都道府県審査会がある。

中央審査会は，当事者の一方又は双方が国土交通大臣許可の建設業者の場合，当事者の双方が建設業者で許可した都道府県知事が異なる場合を所掌する。

都道府県審査会は，当事者の一方のみが建設業者で都道府県知事許可の場合，当事者の双方が建設業者で許可した都道府県知事が同一の場合である。

◆解　説◆

建設工事の請負契約に関する紛争は，その内容に技術的な事項を含むことが多く，瑕疵を早期に修補する必要があることや工事代金の支払を受けて資金を確保しなければならないなど，早期解決が求められる場合が多いです。

裁判となった場合，裁判所も調停に付し，専門家を調停委員に任じて早期の解決を図っていますが，建設工事紛争審査会は，このような建設工事紛争の特徴に着目し，法律，建築，土木等の専門家の委員の知見を活かして，あっせん・調停・仲裁により紛争の簡易・迅速・妥当な解決を図ろうとするもので，ADR（裁判外紛争解決手続）の一つです。

コラム　ADR

ADR（Alternative Dispute Resolution）とは，裁判外紛争処理制度のことを指します。近年，裁判によるほか，行政機関や民間団体が紛争解決のために相談，苦情処理，あっせん，調停，仲裁などを行う例が増えています。行政機関によるものとしては，建築工事紛争審査会のほかにも，労働委員会，公害等調整委員会などがあります。また，民間機関としては，交通事故紛争処理センターなどがあります。

ADRには，比較的，費用，時間がかからない，柔軟な解決が図られるなどの利点があるとされています。

第３　契約上生じやすい問題

１◆設計図書と実際の現場の違い

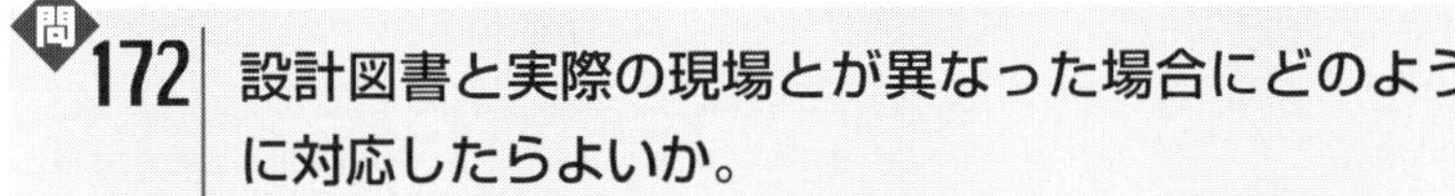

問172　設計図書と実際の現場とが異なった場合にどのように対応したらよいか。

答　公共工事標準請負契約約款にもあるように，受注者が，設計図書と実際の現場とが異なることを発見したときには，速やかに発注者に報告し，発注者と受注者が確認した場合には，必要な設計変更や契約変更を行うことになる。

◆解　説◆

工事請負契約の締結前に設計図書を作成します。設計図書は，現場の調査を十分行って作成すべきですが，どうしても実際の現場が設計図書とは異なることがあることは避けられません。

受注者が設計図書と実際の現場が異なることを発見した場合は，直ちに発注者に申し出て両者で確認すべきです。必要であれば一時工事を中止することもあります。

確認後，設計変更や契約変更が必要であれば必要な対応をすべきです。

受注者が設計図書と実際の現場が異なることを発見したにもかかわらず，そのまま工事を進めていった場合に，追加費用の請求をめぐってトラブルとなることがあります。

2 ◆公益通報

問173　**工事に不適正な処理があったとして，請負業者の社員から通報があった場合，どのように対応したらよいか。**

答　不適正な処理の事実が刑法，廃棄物処理法等に違反する事実であった場合には，公益通報者保護法に基づく公益通報にもなり，通報が文書であった場合，その対応について通報者に通知するよう努めなければならないことになる。

公益通報に当たらない場合でも必要な調査を行うべきである。

◆解　説◆

公益通報者保護法は，労働者が刑法，廃棄物処理法等に違反する事実について，事業者（請負契約の相手方を含む。），行政機関，その他に通報することで必要な措置をとることを期待する一方，通報者が不利益な取扱いを受けないこととするものです。

通報があった場合には，通報内容を確認し，検討した上，調査を行うかどうか，どの程度調査を行うか判断することになると思われます。

平成29年7月31日付けで，消費者庁から，「公益通報者保護法を踏まえた地方公共団体の通報対応に関するガイドライン」（内部の職員等からの通報）及び「公益通報者保護法を踏まえた地方公共団体の通報対応に関するガイドライン」（外部の労働者等からの通報）が作成されています。

外部の労働者等からの通報に係るガイドラインにおいては，事業者に対する行政の監督機能の強化並びにそれを契機とした事業者における内部通報制度の整備及び改善に向けた自主的な取組の促進に寄与するなど，事業者の法令遵守の確保につながるものであるとしています。

通報対応の仕組みの整備及び運用として，「通報に関する秘密保持及び個人情報の保護に留意しつつ，迅速かつ適切に行うため，その幹部を責任者とし，部署間横断的に通報に対応する仕組みを整備し，これを適切に運用する。」としています。

このガイドラインに基づき，多くの地方公共団体においては，公益通報に関する要綱を作成しているものと思われますので，要綱に従った対応をする必要があります。

3 ◆受託者が破産手続開始決定や民事再生手続開始決定となった場合

問174　倒産とはどのようなことをいうのか。

答　企業や個人が，何らかの事情によって従来のまま経済活動を継続することが困難又は不可能になった状態をいう。

◆解　説◆

債権者が我先に債権の回収に入ると，債権者間に不公平が生じ，債務者の再建が困難となります。

そこで，債務者の財産関係を一定のルールに従って合理的に整理する必要があります。

その方法としては，次のとおり，清算型と再生（再建）型の二つの種類があります。

ⅰ　清算型：債務者の総財産を金銭化し，金銭化された総債務を弁済する。

ⅱ　再生（再建）型：収益を生み出す基礎となる債務者の財産を一体として維持し，債務者自身又はそれに代わる第三者がその財産を基礎として経済活動を継続し，収益を上げつつ，債権者に対しては，その財産を基礎とする将来の事業活動によって実現される収益（継続事業価値）が金銭又は持分の形で配分される。

・法的手続
  - 清算型：破産，特別清算
  - 再生（再建）型：民事再生，会社更生，特定調停

・私的手続：私的整理

問175　破産手続とはどのようなものか。

答　破産手続とは，債務者が経済的に破綻した場合に，裁判所の監督の下，破産管財人が債務者の財産を管理し，それを換価処分して全ての債権者に公平に配当し清算する手続をいう。

◆解　説◆

破産手続は，破産手続開始の申立て，破産手続開始決定，財産状況報告集会，配当，任務終了による債権者集会，破産手続終結決定という流れで行われます。

債務者は管理処分権を失い，法人は手続終了後消滅します。

債権者が破産手続開始決定の際に有する債権は破産債権として，基本的には配当として，金銭による平等弁済が行われます。もっとも，共益費用など，一部については財団債権として，配当によらず，請求することがで

きます。

担保権者の担保権実行は妨げられません（別除権）。

時間と費用が掛かり，配当率が低いのが特徴です。

偏頗弁済を否認し，取り戻すことができます（否認権）。

破産手続

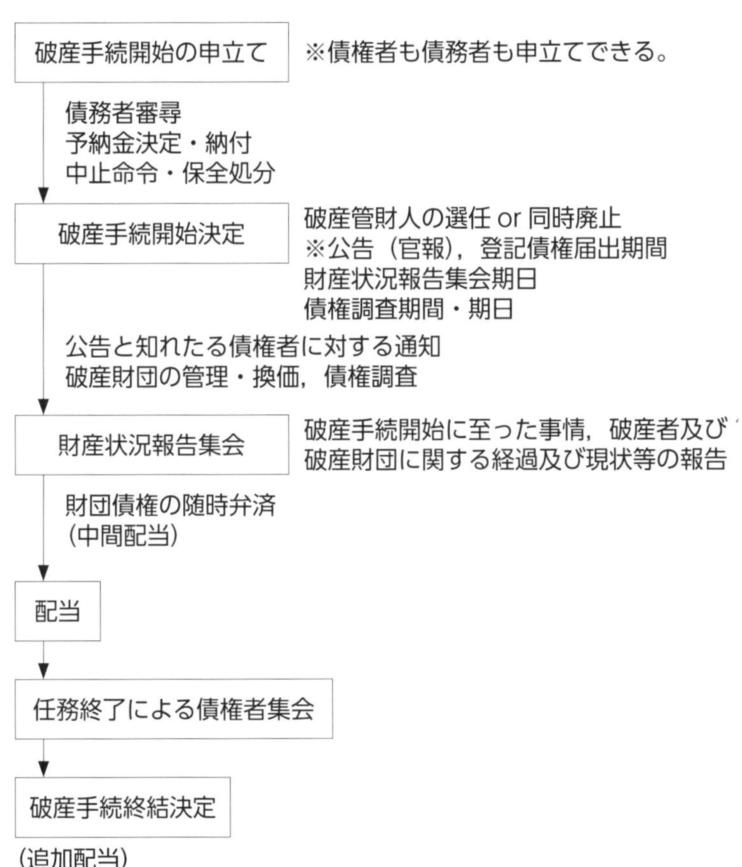

問176 受託業者が工事の途中で破産手続開始決定となったとの連絡がきた。どのように対応したらよいか。

答 工事請負契約を解除するか，履行するかを破産管財人に催告する。通常は，破産管財人が解除の通知をしてくると思われ，解除の通知があれば，出来高の検査をし，引渡しを受けるとともに，前払金を越えた出来高がある場合には，その差額の工事代金を支払う。前払金の金額の方が多い場合は，その差額について，財団債権として破産管財人に請求する。

◆解　説◆

仕事が完成する前に請負人に対して破産手続が開始された場合には，双方未履行双務契約であるとされ，破産管財人は，破産者の債務を履行し，発注者に対して債務の履行を請求するか，解除権の行使により契約を消滅させるかの選択ができることになります（破産法148条１項７号）。

この点に関して，発注者は，破産管財人に対し，履行か解除かの選択をするよう催告することができ，破産管財人から確答がないと，解除されたものとみなされます（破産法53条２項）。

破産管財人が履行の請求をするには，裁判所の許可が必要であり（破産法78条２項９号），一般には，解除が選択されるものと思われます。

出来高より前払金の金額の方が多い場合はその差額の返還請求権を有することになります。

破産の場合，破産者の債権者が破産債権の届出を行い，破産財団から配当を受ける場合，その配当率は低いといえます（破産法54条２項）。しかし，前払金の返還請求権は，破産手続によらないで破産財団から随時弁済を受けることができる財団債権であると考えられており（破産法54条２項），破産管財人に対し，請求することができます。ただ，財団債権であるからといって，全額が返還されることが約束されるものではありません。

また，損害賠償請求権は，財団債権ではなく，破産債権となります。

問177　民事再生手続とはどのようなものか。

答　民事再生手続とは，債務者が経済的に破綻した場合又はそのおそれがある場合に，裁判所の監督の下，債務者自身がその財産を管理して営業を継続し，裁判所から認可を得る再生計画に基づき，全ての債権者に公平に弁済して再建する手続である。

◆解　説◆

民事再生手続は，再生手続開始の申立て，再生手続開始決定，再生計画案の作成・提出，債権者集会，再生計画の認可，再生計画の遂行，再生手続の終結の流れで行われます。

破産原因事実が発生する前（経済的破綻が確定的になる前）に手続が開始され，債務者が財産管理処分権や業務遂行権を保持します。

一般債権者のみを対象として再生計画による権利変更を行い，担保権者の担保権実行は妨げられません（別除権）。

[民事再生手続]

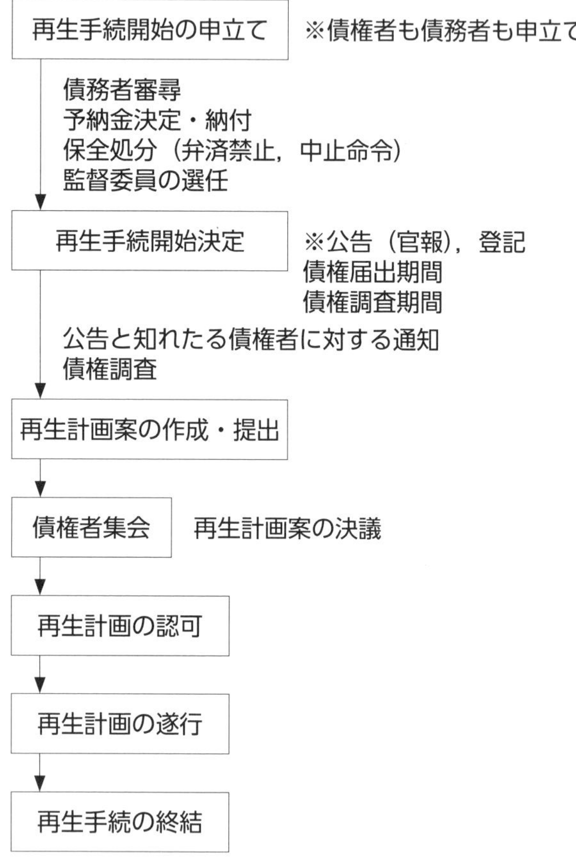

問 178 **受託業者が工事の途中で民事再生手続開始決定となったとの連絡がきた。どのように対応したらよいか。**

答　工事請負契約を解除するか，履行するかを受注者に催告する。履行の通知があった場合は，契約はそのまま継続することになる。解除の通知があった場合は破産と同様の対応となる。

◆解　説◆

仕事が完成する前に請負人に対して民事再生手続が開始された場合には，双方未履行双務契約であるとされ，再生債務者は，再生債務者の債務を履行し，発注者に対して債務の履行を請求するか，解除権の行使により契約を消滅させるかの選択ができることになります（民事再生法49条１項）。

この点に関して，発注者は，再生債務者に対し，履行か解除かの選択をするよう催告することができ，再生債務者から確答がないと，破産の場合とは反対に，解除権を放棄したものとみなされます（民事再生法49条２項）。

解除された場合に，出来高より前払金の金額の方が多い場合はその差額の返還請求権を有することになります。

民事再生の場合，再生債務者の債権者が再生債権の届出を行い，再生計画の履行により支払を受けます（民事再生法94条１項）。しかし，前払金の返還請求権は，破産と同様，再生手続によらないで随時弁済を受けることができる共益債権であると考えられており（民事再生法49条５項，破産法54条２項），再生債務者に対し，請求することができます。ただ，共益債権であるからといって，全額が返還されることが約束されるものではありません。

工事請負契約書には，受注者に破産手続開始決定や再生手続開始決定があった場合，発注者は契約を解除できる旨の規定がある。
発注者は，この規定に基づき，工事請負契約を解除できるか。

解除できないと解される可能性もある。

◆解　説◆

契約の当事者の一方に，破産，民事再生，特別清算，会社更生等の申立てを受けた，又は自ら申し立てたときに，他方当事者が，契約を解除することができる旨が規定されていることがあります。これは，一般に，倒産解除特約と呼ばれています。

契約に規定した内容が強行法規に違反する場合は無効となります。

倒産解除特約については，これにより破産法や民事再生法が規定する破産管財人や再生債務者の有する履行か解除の選択権を奪うものではないかとの問題があります。

会社更生法，民事再生法について，一部の契約類型についてですが，これら法の趣旨，目的に反することを理由に倒産解除特約を無効とした判例があります。

判　例

最判昭和57年３月30日民集36巻３号484頁

トラッククレーンという動産の所有権留保付の売買契約における倒産解除特約について，「債権者，株主その他の利害関係人の利害を調整しつつ窮境にある株式会社の事業の維持更生を図ろうとする会社更生手続の趣旨，目的を害するものである」と判示して，倒産解除特約の効力を否定しました。

最判平成20年12月16日民集62巻10号2561頁

フルペイアウト方式によるファイナンスリース契約における倒産解除特約について，「民事再生手続開始の申立てがあったことを解除事由とする特約による解除を認めることは，このような担保としての意義を有するにとどまるリース物件を，一債権者と債務者との間の事前の合意により，民事再生手続開始前に債務者の責任財産から逸出させ，民事再生手続の中で債務者の事業等におけるリース物件の必要性に応じた対応をする機会を失わせることを認めることにほかならないから，民事再生手続の趣旨，目的に反することは明らかというべき」と判示して，倒産解除特約の効力を否定しました。

4 ◆債務不履行解除

問 180 **受託者が提出してきた施工計画書に不備があり，修正するよう求めたが，適切に対応せず，着工ができないままの状況が続いているため，契約を解除したいと考えている。**
解除することができるか。

答　契約書の約款に仕様書に従って履行しなければならないとの規定があり，仕様書に，受注者の施工計画書の提出義務が定められている場合に，受注者から適切な施工計画書の提出がない場合には，債務不履行を理由に解除することができる。

◆解　説◆

契約書の約款に仕様書に従って履行しなければならないとの規定があり，仕様書に，受注者の施工計画書の提出義務が定められている場合には，受注者には，適正な施工計画書を提出する義務があることになります。

それにもかかわらず，受注者が適正な施工計画書を提出しない場合には，契約に違反することになるので，約款の規定や民法541条に基づき，契約を解除することができます。

181 **工事請負契約を解除した場合，はじめから契約がなかったことになるのか。**

答　出来形がある場合には，既施工部分について報酬請求することができる。

◆解　説◆

解除の効果は，その相手方に対し，現状に復させる義務を負わせるものであるが，このことは，契約がなかった状態に戻すことであって，契約が遡及して無効であることを意味すると理解されています。

しかし，建設工事の請負契約においてこのことを貫くとすると，受注者は既に受領した前払金等を全て返還し，出来形を収去しなければならないことになり，不経済なことになる一方，発注者は収去させずに出来形部分を利用して残工事を続行することができます。

そこで，建設工事の請負契約においては，工事の内容が可分である場合で，既施工部分の給付に関し利益を有するときは，特段の事情のない限り，既施工部分については契約を解除することができず，未施工部分について契約の一部解除をすることができるにとどまると解されていました（最判昭和56年２月17日集民132号129頁）。

令和２年４月１日の改正後の民法にはこの点が明定され（民法634条２号），請負人が既にした仕事の結果のうち可分な部分の給付によって注文者が利益を受けるときは，その部分については仕事の完成と認め，請負人は注文者が受ける利益の割合に応じて報酬を請求することができることとされました（改正民法634条２号）。

5 ◆不当利得の請求

182　受託者が設計変更や契約変更を行わずに工事を進め，竣工してしまった。
受託業者は，契約内容になかった工事について，代金の追加請求ができるか。

答　契約内容になかった工事についても不当利得の請求ができる場合がある。

◆解　説◆

受託者が行った工事が発注者の利得と評価できれば不当利得（民法703条）として代金の請求ができることになります。

もっとも，利得といえるかどうかが問題となります。

通常，受託者が理由もなく設計変更や契約変更を行わずに工事を進めることはないと思われますが，設計図書と実際の現場が異なる場合に，設計図書にはないにもかかわらず，現場の状況に合わせて工事を進めてしまうなどが考えられます。

そのような場合には発注者と受託者とで十分に協議を行い，必要な設計変更や契約変更を行うべきであり，協議が整わない場合には，一時工事を中止するなどの対応をすべきと考えます。

6 ◆瑕疵担保，契約不適合

問183 **下水道管の切り回し工事を発注し，完了検査を行い，工事代金も支払った。20年後に道路管理者が道路工事を行ったところ，上記切り回し工事で撤去されていたはずの下水道管が残置されていることが分かった。**
受託者は発注者に対し，契約不適合責任（瑕疵担保責任）を負うか。

答 引渡しから５年（令和２年４月１日の民法改正前については10年）を超えているので，受託者が時効を援用すれば受託者は契約不適合責任（瑕疵担保責任）を負わない。

◆解　説◆

工事請負契約において，受託者が出来上がった目的物を発注者に引き渡したが，引き渡した目的物の種類，品質が契約内容に適合しない場合には，発注者は，請負人に対し，修補請求（民法559条，562条），報酬減額請求（民法563条），解除，損害賠償（民法564条）ができます。

完了検査は，工事代金を支払う前提となるものですが，完了検査で合格となったからといって，契約不適合責任を免れるものではありません。

ただ，契約不適合責任は，不適合の事実を知った時から１年以内にその旨を通知しなければなりません（民法637条）。

また，損害賠償請求権は，引渡しから消滅時効が進行すると解されていました（最判平成13年11月27日民集55巻６号1311頁）。時効期間は，令和２年４月１日の民法改正前については10年（改正前民法167条），改正以後については５年（改正後民法166条。引渡し時に知ったことになる。）となります。

7◆談　合

問184　談合とは何か。

答　談合とは，国や地方公共団体などの公共工事や物品の公共調達に関する入札に際し，事前に，受注事業者や受注金額などを決めてしまう行為であり，私的独占の禁止及び公正取引の確保に関する法律（以下「独占禁止法」という。）で禁止されている。

◆解　説◆

独占禁止法においては，「『不当な取引制限』とは，事業者が，契約，協定その他何らの名義をもってするかを問わず，他の事業者と共同して対価を決定し，維持し，若しくは引き上げ，又は数量，技術，製品，設備若しくは取引の相手方を制限する等相互にその事業活動を拘束し，又は遂行することにより，公共の利益に反して，一定の取引分野における競争を実質的に制限することをいう。」と定義しています（同法２条６号）。

不当な取引制限には，カルテル，談合が入ります。

独占禁止法は，私的独占とともに不当な取引制限を禁止しています（同法３条）。

なお，「私的独占」とは，「事業者が，単独に，又は他の事業者と結合し，若しくは通謀し，その他いかなる方法をもつてするかを問わず，他の事業者の事業活動を排除し，又は支配することにより，公共の利益に反して，一定の取引分野における競争を実質的に制限すること」をいいます（法２条５号）

問185　談合を行った場合にどのような刑事責任が生じるか。

答　談合行為を行った個人については，談合罪（刑法96条の３第２項）が科される。また，独占禁止法に基づき，談合行為を行った個人に刑罰が科されるとともに法人も罰金が科される。

◆解　説◆

刑法96条の３は，「偽計又は威力を用いて，公の競売又は入札で契約を締結するためのものの公正を害すべき行為をした者は，三年以下の懲役若しくは二百五十万円以下の罰金に処し，又はこれを併科する。

２　公正な価格を害し又は不正な利益を得る目的で，談合した者も，前項と同様とする。」と規定しています。

したがって，国，地方公共団体の入札において，公正な価格を害し又は不正な利益を得る目的で，談合した者は，刑法96条の３第２項に基づき罰せられます。

また，独占禁止法に基づき，談合の行為者については「公正な価格を害し又は不正な利益を得る目的」がなくても５年以下の懲役又は500万円以下の罰金（同法89条），法人については５億円以下の罰金（同法95条１項）に処せられることになります。

問186 発注者が談合の疑いを持った場合，どう対応すべきか。

答 発注者である地方公共団体の長は，公共工事の入札及び契約の適正化の促進に関する法律10条に基づき，公正取引委員会に通知すべきである。

◆解 説◆

公共工事の入札及び契約の適正化の促進に関する法律10条は，「各省各庁の長，特殊法人等の代表者又は地方公共団体の長（以下「各省各庁の長等」という。）は，それぞれ国，特殊法人等又は地方公共団体（以下「国等」という。）が発注する公共工事の入札及び契約に関し，私的独占の禁止及び公正取引の確保に関する法律（昭和22年法律第54号）第三条又は第八条第一号の規定に違反する行為があると疑うに足りる事実があるときは，公正取引委員会に対し，その事実を通知しなければならない。」と規定しています。

したがって，発注者が一定の事柄の把握から，談合の疑いを持つに至った場合，公正取引委員会に通知すべきです。

問187 談合行為はどのようにして判明，認定するのか。

答 公正取引委員会による独占禁止法違反事件の処理は，①事件の端緒，②事件の審査，③措置の順に行われる。

◆解 説◆

公正取引委員会が，発注者からの通知，一般人からの報告，公正取引委員会自身による探知，検事総長からの通知，中小企業庁長官からの通知などの端緒から審査し，違反行為が認められる場合は，審判開始決定をし，審判手続などを経て，排除措置命令などの審決を行う。その後，課徴金納付命令をすることができ，これに不服がある場合，審判手続により審決がなされることになります。

審決については，審決取消しの訴訟を提起することができます。

公正取引委員会が行った排除措置命令等の例として，令和元年７月11日，東京都が発注する浄水場の見積り合わせ参加業者に対する排除措置命令・課徴金納付命令，東京都に対する改善措置要求等があります。

公正取引委員会が，東京都が希望制指名競争見積り合わせの方法により発注する浄水場の排水処理施設運転管理作業の見積り合わせ参加業者が，独占禁止法３条（不当な取引制限の禁止）の規定に違反する行為を行っていたとして，参加業者に対し，独占禁止法の規定に基づき排除措置命令及び課徴金納付命令を行ったものです。

また，公正取引委員会は，東京都の職員が違反行為期間中に発注された特定運転管理作業について，特定の事業者の従業者に対し，非公表の予定単価に関する情報を教示していた行為が，入札談合等関与行為防止法に規定する入札談合等関与行為と認められたため，東京都知事に対し，同法の規定に基づき，改善措置要求を行いました。

問188　発注者の談合を行った業者に対する措置はどのようなものがあるか。

答　発注者は，工事請負契約に違約金の条項があれば，受注者に対し，損害賠償請求する。また，違約金の条項がない場合や賠償額の予定の条項があっても実際の損害額がこれを超える場合には請求できるとされている場合は，損害額を算定し，談合に加わった業者に請求する。

また，発注者による指名停止の処分，建設業法に基づく監督庁による営業停止処分がある。

◆解　説◆

発注者は，工事請負契約の違約金の条項に基づき受注者に損害賠償請求することができます。

また，違約金の条項がない場合や賠償額の予定の条項があっても実際の損害額がこれを超える場合には請求できるとされている場合は，損害額を算定し，独占禁止法25条又は民法719条１項の共同不法行為責任として，談合に加わった業者に連帯して損害賠償をするよう請求することができます。

損害額は，当該落札価格から想定落札価格を控除して算定する方法があります。想定落札価格は，談合が行われていない期間の落札価格の平均価格と考えるなどの方法があります。

発注者は，損害賠償請求のほか，指名停止の処分を行うことになります。このほかに，建設業法に基づく監督庁による営業停止処分があります（建設業法28条３項，１項２号・３号）。

コラム　指名停止処分の処分性

（大阪地判平成25年９月26日判例地方自治388号55頁）

家庭ごみの収集運搬業務の受託等を業とする者が，市の同業務の入札参加業者として指名停止を受けたことについて，市に対し，指名停止処分の取消しを求めた事案において，「指名競争入札は，地方公共団体が売買や請負等の私法上の契約を締結するに際して，その契約の相手方を選定する一方法であって，契約の性質や目的等から一般競争入札に適しないもの等について，当該地方公共団体が資力，能力，信用その他について適当であると認める特定多数の競争加入者を選んで入札の方法によって競争をさせ，その中から相手方を決定し，その者と契約を締結するものである。したがって，指名競争入札に参加させる者の指名は，当該地方公共団体においてその後競争入札を行い，基本的に当該地方公共団体に最も有利な価格で入札をした者を契約の相手方として選定した上で，その者と契約を締結するための準備的行為というべきであり，指名停止の措置も，一定期間，上記のような性質を有する入札の参加者として指名しないというものであって，契約締結のための準備的行為の段階における入札に参加させる者の選定に関する措置にすぎないものといえる。そうであるとすれば，かかる指名停止措置をもって，公権力の主体としての地方公共団体が行う行為であって，その行為により直接国民の権利義務を形成し又はその範囲を確定することが法律上認められたものとして，処分性を有するものと解することはできない。」と判示し，指名停止処分は行政処分ではないと判断しました。

189 談合を行った業者に対し，損害賠償請求しない場合，問題があるか。

住民監査，住民訴訟が提起されることにもなる。

◆解　説◆

談合を行った業者に対し，損害賠償請求しない場合，損害賠償請求権という財産の管理を怠っていることを理由に，住民は，地方公共団体に対し，業者に損害賠償請求するよう，住民監査請求（地方自治法242条），住民訴訟（同法242条の２）を提起することができます（住民監査請求，住民訴訟については，問154を参照）。

第6章

下水道工事に伴う近隣への対応

第1　影　響

190 周辺の土地，家屋への影響としてはどのようなものがあるか。

答　土地については，地盤の沈下，家屋については，傾斜，損傷などの影響が考えられる。

◆解　説◆

下水道工事においては，道路の掘削などが行われる場合が多く，土地の地盤への影響，地盤への影響に伴う家屋の傾斜，損傷などの可能性があります。

191 住民自身への影響としてはどのようなものがあるか。

答　騒音，振動による心身への影響が考えられる。

◆解　説◆

下水道工事においては，道路の掘削などが行われる場合が多く，その際，アスファルトをカッターで切ったり，地面を掘り起こしたり，埋め戻して加圧するなどの工事が行われるため，騒音，振動が発生し，周辺住民に影響を及ぼすことが考えられます。

第２　法的責任

問192　下水道工事を行うに当たって住民に説明する法的義務はあるか。

答　下水道工事を行うに当たって住民に説明する法的義務は条例に定めるなどしない限りない。

しかし，下水道工事においては，騒音，振動が発生することが見込まれるため，事前に周辺住民に対し，必要な周知をすべきである。

◆解　説◆

下水道工事においては，騒音，振動が発生することが見込まれるため，その周辺住民に対し，事前に工事の内容，実施の場所，・時間，期間などを記載したチラシを配布するなどして周知すべきです。

どの範囲の住民に周知すべきであるかについては，騒音，振動等の影響があると見込まれるかどうかにより判断されるべきです。

最近では，ホームページに掲載するなどの対応をしている地方公共団体もみられます。

問193　下水道工事によって地盤沈下，家屋の損傷が生じた場合どのような法的責任が生じるか。

答　下水道工事によって，地盤沈下，家屋の損傷が生じた場合，発注者と受注者に損害賠償責任が生じ得る。

◆解　説◆

工事請負契約に基づく工事により周辺の土地に地盤沈下が生じたり，家屋に損傷が生じたことが認められれば，まずは，受注者が違法に損害を与えたとして，損害賠償責任を負いますが，発注者の指示に原因があれば発注者も損害賠償責任を負うことになり（民法716条），両者の責任の関係は共同不法行為（民法719条）として，連帯債務となります。その場合には，一方が履行した場合，その寄与度に応じた負担割合に応じ，他方に求償できることになります。

下水道工事により地盤沈下や家屋損傷などの損害が生じたかどうかについては，損害賠償請求をする側が立証する必要がありますが，下水道工事においては，一般には地盤沈下が生じないような施工方法がとられており，家屋の損傷の可能性がある工事については事前，事後に家屋調査を行い，損害の有無を確認しているものと思われます。

受注者が工事請負契約に定める仕様のとおりに施工したにもかかわらず損害が生じたのであれば，発注者のみが責任を負うことになりますが，現実には工事の施工方法が全て仕様書のとおりに行われたとまでいうことができず，発注者と受注者の間で工事成績などに基づき負担割合を協議することになります。

また，相手方との損害賠償についての交渉を，受注者が行うか，発注者が行うかについては，工事請負契約締結の際，両者で決めているものと思われます。

関連判例　奈良地判平成24年３月９日判例集未搭載

敷地の隣接地で行われた下水道工事によって地盤沈下が生じ，建物に被害が生じたとして，当該下水道工事の元請け業者に対して不法行為に基づく損害賠償請求をした事案において，地盤沈下の原因が当該下水道工事であると認定し，工事を行った下請け業者だけでなく，元請け業者にも下請け業者に対する注文又は指図に過失があったとし，当該土地・建物に構造上の危険性があった事などを理由に過失相殺を認め，損害額から７割の減額を下額の損害賠償責任を認めました。

問194　下水道工事による騒音，振動により周辺住民に責任を負うのはどのような場合か。

答　受忍限度を超える騒音，振動があった場合には，周辺住民は人格権に基づき，工事の差止め請求や損害賠償請求をすることができる。

◆解　説◆

下水道工事においては，一定程度の騒音や振動が発生することがあります。住民には人格権がありますから，騒音や振動により人格権が侵害されるとして工事の差止めや損害賠償を求めることができますが，工事の差止めや損害賠償請求が認められるためには，少なくとも，受忍限度を超えるような騒音や振動が認められることが必要です。

受忍限度を超えるような騒音や振動であるかどうかについては，騒音規制法や振動規制法に規定する規制基準を超えているかどうかを基本に判断されますが，規制基準を超えていなければ受忍限度を超えることはないということはできません。

問195　法的手続として，騒音，振動を理由とする工事の差止めや損害賠償請求はどのように行われるか。

答　工事の差止めについては，仮処分の申立て，損害賠償請求については訴訟提起により行われる。

◆解　説◆

工事の差止めについては，訴訟提起することができますが，訴訟提起したからといって工事を中止する義務は生じない一方，訴訟は時間が掛かるので，その間にも工事が進んでいくことにもなります。

そのため，民事保全法に基づき，人格権を被保全権利として工事の差止めの仮処分を申請して，裁判所に暫定的に工事の差止めを認めてもらう方法をとることができます（仮の地位を定める仮処分。民事保全法23条２項）。

損害賠償請求については，人格権の侵害を理由として訴訟提起することになります。

関連判例

地下鉄建設工事についてですが，次の裁判例があります。

大阪地判平成元年８月７日判タ711号131頁

地下鉄建設工事により騒音，振動，粉塵及び地盤沈下によって損害を被ったとして，周辺住民が工事の発注者である大阪市及び建設会社４社に対し，損害賠償請求をした事案において，地下鉄建設工事による騒音，振動，粉塵及び地盤沈下を発生させたことについて，大阪空港訴訟事件の判例（最大判昭和56年12月16日民集35巻10号1369頁）が示す違法性の判断要素を検討し，受忍限度を超えたとして違法であると認めました。

そして，大阪市及び建設会社らは，被害の発生が予見できたにもかかわらず，被害を防止又は軽減するための有効な対策措置を十分に講じたとは認められないとして，大阪市については民法716条但書に基づき，建設会社らについては民法709条に基づき損害賠償責任を認め，大阪市と建設会社らには共同不法行為が成立する旨判示しました。

（参照）

大阪空港訴訟事件（最大判昭和56年12月16日民集35巻10号1369頁）

大阪国際空港の周辺に住む住民らが，離着陸する航空機の振動，排ガス，騒音等によって生活環境が破壊されたとして，空港の設置及び管理者である国に対して，人格権あるいは環境権に基づく午後９時から午前７時までの航空機の離着陸の差止めと損害賠償を請求した事案において，差止めについては国の航空行政権を理由に民事訴訟の対象とならないとして訴えを却下し，過去の損害については認め，将来の損害については請求を棄却しました。

違法性の判断については，「本件空港の供用のような国の行う公共事業が第三者に対する関係において違法な権利侵害ないし法益侵害となるかどうかを判断するにあたつては，上告人の主張するように，侵害行為の態様と侵害の程度，被侵害利益の性質と内容，侵害行為のもつ公共性ないし公益上の必要性の内容と程度等を比較検討するほか，侵害行為の開始とその後の継続の経過及び状況，その間にとられた被害の防止に関する措置の有無及びその内容，効果等の事情をも考慮し，これらを総合的に考察してこれを決すべきものであることは，異論のないところであ」ると判示しています。

第7章

下水道施設の管理に伴う問題

第1　下　水

問196　建物建築により湧水が継続的に出るようになった。この湧水は汚水か。

答　雨天時にだけ湧水が出るのではなく，晴天時にも湧水が出ているのであれば，建物建築という生活，事業に起因し，若しくは付随する廃水であるから，汚水である。

◆解　説◆

雨水か汚水かにより下水道使用料の対象となるかどうかの違いがあります。

雨天時にだけ湧水が出るのであれば，建物が建築されなかったならば浸透していたはずであったとしても，建物の建築により浸透せずに屋根から排水設備を通って公共下水道に流れていくことと変わりませんから，生活，事業に起因し，若しくは付随する廃水とまではいえず，雨水であるといえます。

一方，晴天時にも湧水が出ているのであれば，建物建築という生活，事業に起因し，若しくは付随する廃水といえ，汚水に当たります。

第2　排水設備

問197　ディスポーザとは何か。

答　「単体ディスポーザ」とは，台所の流し台の下に設置して，生ごみを投入・粉砕し，流水と一緒に直接下水道へ流すことができる機械です。

また，「ディスポーザ排水処理システム」とは，ディスポーザで粉砕した生ごみを含む排水を，排水処理装置で処理してから下水道に流すもので，生物処理タイプと機械処理タイプがあります。

◆解　説◆

「ディスポーザ排水処理システム」のうち，生物処理タイプの排水処理は，専用排水管で処理槽に導き，浄化槽のように微生物の働きで処理します。定期的な汚泥の引き抜きが必要となります。

機械処理タイプの排水処理は，装置によって個体と液体を分離し，液体を下水道に流します。乾燥された固体部分については，使用者がごみ等として処分します。

〔図〕ディスポーザ排水処理システム

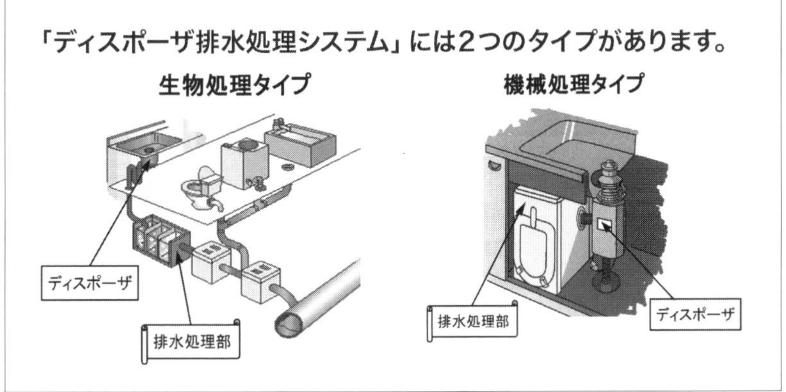

出典：東京都下水道局「下水道なんでもガイド」8頁

問198　ディスポーザは自由に設置できるのか。

答　単体ディスポーザについては，下水道管を詰まらせたり，下水処理に負荷が掛かるとして，条例の施行規程により禁止したり，自粛を求めている例が多い。

◆解　説◆

ディスポーザには，悪臭をなくす，ゴミ出しの負担が少なくなるなどのメリットがありますが，下水道管が詰まったり，下水処理にも支障を来たし，河川等の汚染の一因ともなるとして，単体ディスポーザーについては，その使用を禁止したり，自粛を求めている例が多くあります。

排水設備については，条例の定めるところにより公共下水道のます等に接続させることとされており（下水道法10条３項，同法施行令８条１号），条例において接続方法が定められています。そして，条例において，接続方法の具体的内容については管理者が定めるとして，管理者が定める施行規程においてディスポーザについて規定しているなどの例があります。

第３　下水道施設の損傷

問199　下水道法18条に基づく損傷負担金は無過失責任か。また，被用者の行為により使用者も責任を負うのか。

答　無過失責任であり，使用者も責任を負うと解する。

◆解　説◆

下水道法18条は，「公共下水道管理者は，公共下水道の施設を損傷した行為により必要を生じた公共下水道の施設に関する工事に要する費用については，その必要を生じた限度において，その行為をした者にその全部又は一部を負担させることができる。」と規定しています。

民法709条は，「故意又は過失によって他人の権利又は法律上保護される利益を侵害した者は，これによって生じた損害を賠償する責任を負う。」と規定し，これは，不法行為責任と呼ばれています。

したがって，公共下水道の施設を損傷した場合にも，不法行為責任が問題となりますが，不法行為責任が生じるには，故意，過失が認められなければなりません。

これに対し，下水道法18条に基づく損傷負担金の規定には，故意，過失によることとはされていません。原因者負担，衡平の原則を理由に，故意過失にかかわらず生じる責任（無過失責任）と解されています。河川法（18条，67条，69条），道路法（58条）などの公物管理法に同様の規定があります。

また，民法の使用者責任，履行補助者の法理の類推により，被用者の事業執行中の行為につき，使用者が道路法58条の責任を負うとした裁判例があり（大阪高判昭和61年３月25日行政事件裁判例集37巻３号441頁），下水道の損傷負担金についても同様に解することができると考えます。

問200　**透析施設からの排水で公共下水道管が腐食してしまった。透析施設からの排水をした者に損傷負担金を請求できるか。**

答　条例の排水基準に違反する透析施設からの排水で下水道管が腐食したという因果関係が立証できれば損傷負担金を請求できる。

◆解　説◆

透析施設では，透析装置等の消毒，洗浄のため酸性洗浄剤が広く用いられており，適正な処理をすることなく排水されるとコンクリート製の下水道管を腐食するおそれがあります。損傷負担金を課するには，「公共下水道の施設を損傷した行為」があることが前提となります（下水道法18条）。

そのため，下水道法12条１項に基づき，同法施行令９条の基準に従い定められた条例の排水基準に違反した透析施設からの排水で下水道管が腐食したことが立証されなければなりません。

具体的には，透析施設からの排水の排水設備が接続された公共ます，取付管に他の部分より顕著な腐食がみられること，透析施設から排水される物資が下水道管の材質を腐食させるものであること，他の当該排水設備の使用者には公共下水道管を腐食させるような排水が見られないこと等を確認する必要があります。

第４　第三者に対する損害

問201　歩道上の人孔（マンホール）の蓋に歩行者がつまずいて負傷した場合，どのような責任が生じるか。

答　人孔（マンホール）の蓋と歩道とに，ある程度の段差があり，人がつまずきやすい状況にあった場合，公共下水道管理者である地方公共団体が国家賠償法に基づく損害賠償責任を負うことがある。

◆解　説◆

公の営造物の設置管理に瑕疵があったために他人に損害が生じた場合，国又は地方公共団体は国家賠償法２条に基づき，損害賠償責任を負うことになります。

ここで，瑕疵とは，通常有すべき安全性をいうとされています。

人孔（マンホール）は，公共下水道管理者が設置管理する公共下水道の排水施設の一つですから，公の営造物であり，その設置管理に瑕疵があり，他人に損害が生じたのであれば，損害賠償責任を負うことになります。

人孔（マンホール）の蓋部分に設置管理の瑕疵があったかどうかについては，人孔（マンホール）の蓋と歩道との段差の程度，設置場所や事故の発生時刻などから通行者が通常の注意をすれば危険の発生を回避できたかどうかにより判断されます。

また，瑕疵があったと判断されたとしても，歩行者側に急いで歩いていたなどの損害発生に寄与した行為態様が認められれば，過失相殺として損害額から一定の割合を控除した額が賠償額となることになります（国家賠償法４条，民法722条２項）。

関連判例　大阪高判平成14年７月23日判例集未搭載

京都市が設置，管理する歩道を歩行中の歩行者が，歩道に敷設された鉄蓋と歩道面との間に生じていた４センチメートルの段差に躓いて負傷したとして国家賠償法２条１項に基づく損害賠償請求をしたという事案について，当該段差が交通量も少なくない市街地の歩道のほぼ中央に存在していたもので，当該歩道が広く住民等の通行の用に供されていたものであることからすれば，これに歩行者が躓き負傷する可能性は相当程度あったこと，当該段差が相当程度前から存在しており，市に予見可能性，回避可能性がなかったとは認められないことから，市に損害賠償責任があるとし，他方，歩行者にも前方不注視の過失があるため，５割の過失相殺をするのが妥当であると判示しました。

問202　**下水道工事の際，受注者が雇った誘導員が指示された誘導を行わなかったために歩行者が工事箇所でつまずき負傷した場合，どのような責任が生じるか。**

答　基本的には，受注者が使用者責任として損害賠償責任を負うと考える。

◆解　説◆

工事請負契約において，受注者が工事を行うに際して故意，過失により第三者に損害を与えたのであれば，原則として，受注者が責任を負うことになります。

ただ，発注者の指示によって損害が生じたのであれば，発注者が責任を負うことになります。

通常，発注者が道路占用許可に当たって，警察，道路管理者と協議を行う中で，交通誘導の方法についても決められているものと思われます。

計画された交通誘導の方法自体が不適切であったのであれば，発注者の指示により損害が生じたことになり，発注者が責任を負うことになりますが，受注者が雇った誘導員が計画された交通誘導を行わなかったために歩行者が負傷したのであれば，受注者が使用者責任（民法715条）として損害賠償責任を負うことになります。

第５　下水道施設の敷地上部の管理

203　下水道管が埋設された地方公共団体の土地の上部を第三者に使用させる場合にどのような手続によりなされているか。

行政財産の一部使用許可による。

◆解　説◆

下水道管が埋設されている地方公共団体の土地は，行政財産です（地方自治法238条４項）。

したがって，その土地の上部を第三者に使用させることは行政財産の目的外使用の許可をする必要があり（同法238条の４第７項），その場合，使用料を徴収することができます（同法225条）。

コラム　行政財産と普通財産

地方自治法238条１項は，普通地方公共団体の財産のうち，次の財産を「公有財産」と定義しています。

①　不動産
②　船舶，浮標，浮桟橋及び浮ドッグ並びに航空機
③　①及び②に掲げる不動産及び動産の従物
④　地上権，地役権，鉱業権その他これらに準ずる権利
⑤　特許権，著作権，商標権，実用新案権その他これらに準ずる権利
⑥　株式，社債（特別の法律により設立された法人の発行する債券に表示されるべき権利を含み，短期社債等を除く。），地方債及び国債その他これらに

準ずる権利

⑦　出資による権利

⑧　財産の信託の受益権

公有財産は行政財産と普通財産に区分されます（地方自治法238条３項，４項）。

公有財産
- 行政財産…公用又は公共用に供し，又は供することと決定した財産
- 普通財産…行政財産以外の一切の公有財産

下水道管が埋設された地方公共団体の土地の上部を第三者が自宅の庭として長年，使用していた場合，時効取得できるか。

地上権を時効取得し得ると考える。

◆解　説◆

下水道管が埋設された地方公共団体の土地は，行政財産であり，基本的には，時効取得の対象とはならないはずです。

しかし，地上部分について，下水道管の管理のために管理，使用されてきたのであれば別ですが，そうでなければ，地上部分に限っていえば，下水道管の管理のための機能や形態が失われたと評価され，地上権について時効取得の対象となると考えられます。

第６　敷地の境界

問205　境界とは何か。

答　土地の境界には筆界（公的境界）と所有権界（所有権と所有権の境）とがある。

◆解　説◆

明治新政府は，明治初年に，町地や農地については，近代的所有権に最も近い土地支配権を有していた者に所有権を付与し，これにより土地所有権と土地所有権の境が形成されることになりました。

また，明治政府は，地租改正条例に基づき，全国の土地を測量し，所有権界を確認し，地番を付し，地番と地番の境が形成されました。この原始筆界は，地券，地租台帳等に登載され，その後，土地台帳，不動産登記簿に承継されました。

このように，筆界と所有権界は，本来，一致しているはずですが，所有権が分割されたが分筆がされていない，測量等における過失により不一致を来した，時効取得や和解による所有権の変動，などにより不一致である場合が生じています。

コラム　土地台帳

土地台帳は，明治22年に，地租に関する事項を登録する課税台帳として整備されることになり，明治29年11月以降，税務署が設置されると，税務署がその事務を取り扱ってきました。

不動産の表示変更については，所有者が台帳申告し，その申告に基づき，土地台帳の訂正，修正が登録された後，登記の変更申請手続きをすることとされていました。また，土地の所有権，質権等の得喪変更に関する事項は，原則として，当事者が登記の申請をし，登記所が登記をすると同時に税務署に通知し，税務署が土地台帳に登録していました。

シャウプ勧告に基づく昭和25年の税制改革により新地方税法が制定され，地租税が廃止され，市町村が固定資産税を課税することになり，これに伴い，土地台帳事務は，税務署から登記所へ移管されました。

その後，10年間，土地台帳制度と登記制度が併存していましたが，昭和35年に表示登記御制度が創設され，土地台帳制度は廃止されました。

問206　国や地方公共団体の土地と民地の所有権はどのように決められるか。

答　国有財産については，国有財産法31条の3，31条の４に基づく官民境界確定協議，官民境界確定決定の手続による。

公有財産については，私人相互間と同様に，協議（公民境界確定協議）をすることになる。

◆解　説◆

1　国有財産については，昭和23年まで，境界査定処分という制度があり，査定の内容のとおり，所有権界のみならず，筆界も移動するというものでした。

しかし，その後，境界査定処分制度は廃止され，現在は，国有財産法に，官民境界確定協議，官民境界確定決定が規定されています（同法31条の3，31条の４）。

官民境界確定協議の性格，内容は，基本的には，民間相互の所有権界の境界協議と同じですが，隣接地所有者に現地立会，協議の義務があり，立会拒否の場合には市町村の職員の立会を求めて調査し，境界を確定できるとするところに特色があります。隣接地所有者に異議があるときは，境界に同意しない旨の通告をすることができ，その場合には，筆界特定制度，境界確定訴訟，所有権確認訴訟によることになります。

官民境界画定決定は，官民境界確定協議をする旨の通知を受けた隣接所有者から立会できない旨の通知がなく，又は通知があっても立会拒否についての正当な理由がない場合，境界確定協議の担当官は，当該隣接地の所在する市町村の職員の立会を求めて，境界調査を進め，その結果に基づいて境界を決定することができるというものです。

2　公有財産については，私人相互間と同様に，所有権界について協議（公民境界確定協議）をすることになります。

里道や水路等の長狭物については，幅員の確保の観点から，対側地の所有者の立会，承認を求めておくべきです。

問207　境界に争いがあった場合，どのような解決方法があるか。

答　筆界については，筆界特定制度及び境界確定訴訟，所有権界については，所有権確認訴訟がある。

◆解　説◆

1　筆界については，筆界特定制度及び境界確定訴訟があります。

筆界特定とは，１筆の土地と相隣接地との境界が現地において明確でないとき，現地における筆界の位置を特定するか，その位置を特定できないときは，当該筆界が存在するはずの土地範囲を特定することをいいます（不動産登記法123条２号）。

所有権登記名義人等が筆界特定登記官に対し，その筆界を明確にするよう求めるものです。

筆界特定登記官は，筆界を特定し，その結果及び理由の要旨を筆界特定書に記載します。

筆界の特定に不服がある場合は，境界確定訴訟を提起することができます。

2　所有権界については，所有権確認訴訟を提起することになります。

第７　購入した土地の土壌汚染

問208　**20年前に下水処理場の拡張計画に基づき，施設用地を購入したが，実施に至らず，今般，工事着手に向け，地盤の調査をしたところ土壌汚染が見つかった。**
売主に対し，損害賠償を請求できるか。

答　引渡しから５年（令和２年４月１日の民法改正前については10年）を超えているので，売主が時効を援用すれば売主は契約不適合責任（瑕疵担保責任）を負わない。

◆解　説◆

売買契約の対象の土地に土壌汚染があったのであれば，通常有すべき性能を欠き，令和２年４月１日の民法改正前の瑕疵担保責任における瑕疵に当たり，瑕疵担保責任を請求することができ，同改正以後にあっては，目的物の種類，品質が契約内容に適合しない場合として契約不適合責任を求めることができます。

瑕疵担保責任は，事実を知った時から１年以内に請求しなければならず（改正前民法570条，566条３項），契約不適合責任は，瑕疵や契約不適合の事実を知った時から１年以内にその旨を通知しなければなりません（民法566条）。また，これらの損害賠償請求権は，引渡しから消滅時効が進行すると解されています（最判平成13年11月27日民集55巻６号1311頁）。

したがって，時効期間は，引渡し時から，令和２年４月１日の民法改正前については10年（改正前民法167条），改正以後については５年（改正後民法166条。引渡し時に権利を行使することができることを知ったことになる。）となり，売主が時効を援用すれば損害賠償を求めることはできません。

第８　普通財産の貸し付け，売却

下水処理場の拡張用地として用地を取得していたが，計画の変更により，当面，下水道処理場の用地としての活用が見込めないこととなった。

問209　**貸し付けないし売却したいと考えるが，どのような契約手続によることになるか。**

答　地方自治法234条，同施行令167条～167条の４に基づき，一般競争入札，指名競争入札，随意契約のいずれかの方法により契約を締結する。

◆解　説◆

土地が普通財産であれば，売却や貸し付けをすることができます。

ただし，適正な対価なくして譲渡や貸し付けをするには，条例又は議会の議決が必要です（地方自治法237条２項）。

地方自治法234条１項は，「売買，貸借，請負その他の契約は，一般競争入札，指名競争入札，随意契約又はせり売りの方法により締結するものとする。」と規定しており，同法施行令167条～167条の４がそれぞれの契約をすることができる要件を定めています。

このうち，「せり売り」は，動産の売払いで当該契約がせり売りに適している場合に認められるものですので，本件の場合，一般競争入札，指名競争入札，随意契約のいずれかの方法により貸し付けや売買の契約を締結することになります。

地方公共団体が大規模な土地を売却する場合には，土地利用の方法を提案させるなどし，売却にふさわしい相手を選定する「コンペ」や「プロポーザル」の方法によっている場合もあります。

こうした「コンペ」や「プロポーザル」は，地方自治法施行令167条の２第１項２号に基づく随意契約です。

問210　売却した土地に土壌汚染やガラがあった場合，責任が生じるか。

答　売却した土地に土壌汚染やガラがあった場合には，契約内容と異なる点があったとして，契約不適合責任が生じ得る。

契約不適合責任があるとされた場合，除染やガラの撤去，代金減額，損害賠償，契約の解除が認められる（民法562条等）。

◆解　説◆

売買の目的物に契約の趣旨に適合しないものがあった場合，契約不適合責任として，追完請求（民法562条），代金減額請求（民法563条），損害賠償（民法415条），契約の解除（民法564条，541条，542条）が認められます。

売却した土地に土壌汚染やガラがあることが契約の趣旨に適合しないと判断されれば，契約不適合責任が生じ，相手方は，追完請求として除染やガラの撤去を求めること，あるいは代金減額請求，損害賠償請求，解除ができます。

コラム　契約不適合責任

契約不適合責任は，令和２年４月１日の民法改正により，それまでの瑕疵担保責任が改正されたものです。

売買の瑕疵担保責任は，一般に，特定物に隠れた瑕疵があった場合，買主の信頼保護の見地から法律が特に売主に課した法定責任であると解されてきました。「隠れた瑕疵」とは，通常有すべき品質・性能を欠くことといいます。損害賠償請求，解除が可能ですが，損害賠償の範囲は信頼利益にとどまると解されてきました。

これに対し，契約不適合責任は，特定物，不特定物にかかわらず，売主は売買契約の内容に適合した目的物を引き渡す義務を負い，修補等の履行の追完を請求できるというものです。損害賠償や解除は債務不履行責任の一般原則によってしたがってすることができるとされました。損害賠償の範囲は信頼利益にとどまらず，履行利益にも及ぶことができます。

問211 売買契約において，契約不適合責任を負わない旨の免責特約を盛り込むことは可能か。

答 免責特約を盛り込むことは可能であるが，買主が個人で事業として，あるいは事業のために売買契約を締結するのでない場合は無効となる。

◆解　説◆

契約不適合責任を定める民法562条は，任意規定であるので，売買契約において，契約不適合責任を負わない旨の免責特約を定めれば有効となります。ただし，知りながら告げなかった事実については責任を負うと定められています（民法572条）。

したがって，契約不適合責任を負わない旨の免責特約を盛り込むことができ，知りながら告げなかった事実についてでなければ，契約不適合責任を負わないことになります。

ただし，買主が個人の場合は，事業として，あるいは事業のために売買契約を締結するのでなければ，消費者契約法が適用になります。

消費者契約法が適用になる場合には，事業者に対する追完請求権又は代金減額請求権が盛り込まれている場合（他の事業者が損害賠償責任又は履行の追完責任を保証する場合も含みます。）を除き，無効となります（消費者契約法８条第１項１号・２号，２項）。

したがって，買主が個人で事業として，あるいは事業のために売買契約を締結するのでない場合に，単に，契約不適合責任を負わない旨の免責特約を盛り込んでも無効となり，契約不適合責任を負うことになります。

参考資料

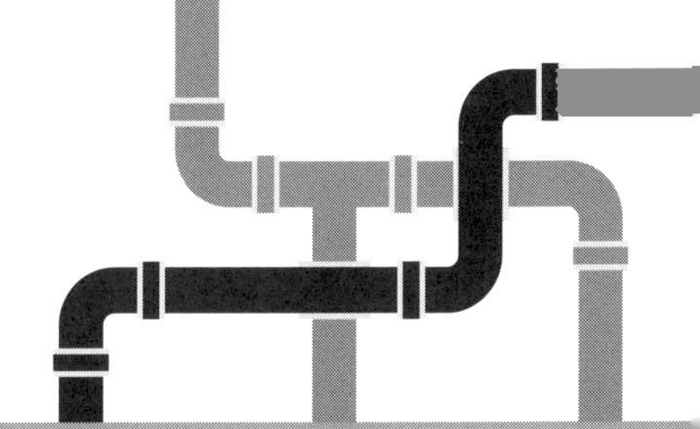

標準下水道条例について

昭和三十四年一月十八日
厚生省衛発第千百八号・建設省計発四百四十一号
都道府県下水道担当部長・政令指定都市下水道局長あて
最近改正平成二十七年十月二十一日
国水下企第五十三号

標準下水道条例

第一章　総　則

(この条例の趣旨)

第一条　市（町村）の設置する公共下水道の管理については，下水道法（昭和三十三年法律第七十九号。以下「法」という。）その他の法令で定めるもののほか，この条例の定めるところによる。

(用語の定義)

第二条　この条例において次の各号に掲げる用語の意義は，それぞれ当該各号に定めるところによる。

一　下水　法第二条第一号に規定する下水をいう。

二　汚水　法第二条第一号に規定する汚水をいう。

三　公共下水道　法第二条第三号に規定する公共下水道をいう。

四　流域下水道　法第二条第四号に規定する流域下水道をいう。

五　終末処理場　法第二条第六号に規定する終末処理場をいう。

六　排水設備　法第十条第一項に規定する排水設備をいう。

七　特定施設　法第十一条の二第二項に規定する特定施設をいう。

八　除害施設　法第十二条第一項に規定する除害施設をいう。

九　特定事業場　法第十二条の二第一項に規定する特定事業場をいう。

十　使用者　下水を公共下水道に排除してこれを使用する者をいう。

十一　水道及び給水装置　それぞれ水道法（昭和三十二年法律第百七十七号）第三条第一項に規定する水道及び同条第九項に規定する給水装置をいう。

十二　使用月　下水道使用料徴収の便宜上区分されたおおむね一月の期間をいい，その始期及び終期は，規則で定める。

十三　量水標等物件　水防法（昭和二十四年法律第百九十三号）第二条第七項に規定する量水標等又は下水道法施行令（昭和三十四年政令第百四十七号）第十七条の二第一号に規定する工作物をいう。

十四　電線等　電線又は下水道法施行令第十七条の二第二号に規定する工作物をいう。

十五　熱交換器等　熱交換器又は下水道法施行令第十七条の二第三号に規定する工作物をいう。

十六　処理水　下水のうち，終末処理場において処理したものをいう。

十七　未処理下水　下水のうち，処理水以外のものをいう。

十八　下水熱　下水を熱源とする熱をいう。

十九　下水熱利用　下水熱を利用することをいう。

二十　下水熱利用事業者　公共下水道に接続設備を設け，当該接続設備により当該公共下水道から下水を取水し，当該下水を熱源とする熱を利用し，及び当該公共下水道に当該下水を流入させる事業を行おうとする者をいう。

二十一　下水熱利用設備　公共下水道から取水した下水を熱源とする熱を利用するための設備をいう。

二十二　接続設備　公共下水道と下水熱利用設備とを接続する設備をいう。

第二章　排水設備の設置等

（排水設備の設置）

第三条　公共下水道の供用開始の日において排水設備を設置すべき者は，当該日から〇〇日以内に当該排水設備を設置しなければならない。

（排水設備の接続方法及び内径等）

第四条　排水設備の新設，増設又は改築（以下「新設等」という。）を行おうとするときは，次に定めるところによらなければならない。

一　分流式の公共下水道に下水を流入させるために設ける排水設備は，汚水を排除すべき排水設備にあつては，公共下水道の公共ますその他の排水施設又は他の排水設備（以下この条において「公共ます等」という。）で汚水を排除すべきものに，雨水を排除すべき排水設備にあつては公共ます等で雨水を排除すべきものに固着させること。

二　合流式の公共下水道に下水を流入させるために設ける排水設備は，公共ます等に固着させること。

三　排水設備を公共ます等に固着させるときは，公共下水道の施設の機能を妨げ，又はその施設を損傷するおそれのない箇所及び工事の実施方法で規則の定めるものによること。

四　汚水のみを排除すべき排水管の内径及び勾配は，市（町村）長が特別の理由があると認めた場合を除き，次の表に定めるところによるものとし，排水渠の断面積は，同表の上欄の区分に応じそれぞれ同表の中欄に掲げる内径の排水管と同程度以上の流下能力のあるものとすること。ただし，一の建築物から排除される汚水の一部を排除すべき排水管で延長が三メートル以下のものの内径は七十五ミリメートル以上とすることができる。

排水人口（単位　人）	排水管の内径（単位ミリメートル）	勾　配
一五〇未満	一〇〇以上	一〇〇分の二以上
一五〇以上三〇〇未満	一二五以上	一〇〇分の一・七以上
三〇〇以上五〇〇未満	一五〇以上	一〇〇分の一・五以上
五〇〇以上	二〇〇以上	一〇〇分の一・二以上

五　雨水又は雨水を含む下水を排除すべき排水管の内径及び勾配は，市（町村）長が特別の理由があると認めた場合を除き，次の表に定めるところによるものとし，排水渠の断面積は，同表の上欄の区分に応じそれぞれ同表の中欄に掲げる内径の排水管と同程度以上の流下能力のあるものとすること。ただし，一の敷地から排除される雨水又は雨水を含む下水の一部を排除すべき排水管で延長が三メートル以下のものの内径は七十五ミリメートル以上とすることができる。

排水面積（単位平方メートル）	排水管の内径（単位ミリメートル）	勾　配
二〇〇未満	一〇〇以上	一〇〇分の二以上
二〇〇以上四〇〇未満	一二五以上	一〇〇分の一・七以上
四〇〇以上六〇〇未満	一五〇以上	一〇〇分の一・五以上
六〇〇以上一五〇〇未満	二〇〇以上	一〇〇分の一・二以上
一五〇〇以上	二五〇以上	一〇〇分の一以上

（排水設備等の計画の確認）

第五条　排水設備又は法第二十四条第一項の規定によりその設置について許可を受けるべき排水施設（以下これらを「排水設備等」という。）の新設等を行おうとする者は，あらかじめ，その計画が排水設備等の設置及び構造に関する法令の規定に適合するものであることについて，規則で定めるところにより，申請書に必要な書類を添付して提出し，市（町村）長の確認を受けなければならない。

2　前項の申請者は，同項の申請書及びこれに添付した書類に記載した事項を変更しようとするときは，あらかじめ，その変更について書面により届け出て，同項の規定による市（町村）長の確認を受けなければならない。ただし，排水設備等の構造に影響を及ぼすおそれのない変更にあっては，その旨を市（町村）長に届け出ることをもって足りる。

第三章　排水設備等の工事の事業に係る指定

（排水設備指定工事店の指定）

第六条　排水設備等の新設等の工事（規則で定める軽微な工事を除く。）は市（町村）長の指定を受けた者（以下「指定工事店」という。）でなければ，行ってはならない。

2　前項の指定の有効期間は，指定工事店としての指定を受けた日から○年とする。

3　前項の有効期間満了に際し，引き続き指定工事店としての指定を受けようとするときは，指定の更新を受けなければならない。

（指定の申請）

第六条の二　前条第一項の指定は，排水設備等の新設等の工事の事業を行う者の申請により行う。

2　前条第一項の指定を受けようとする者は，次に掲げる事項を記載した申請書を指定を受けようとする市（町村）長に提出しなければならない。

一　氏名又は名称及び住所並びに法人にあっては，その代表者の氏名

二　排水設備等の新設等の工事の事業を行う営業所（以下「営業所」という。）の名称及び所在地並びに第六条の四第一項の規定によりそれぞれの営業所において専属することとなる責任技術者の氏名

3　前項の申請書には次に掲げる書類を添えなければならない。

一　次条第一項第四号イからニまでのいずれにも該当しない者であることを誓約する書類

二　法人にあっては，定款又は寄附行為及び登記簿の謄本，個人にあってはその住民票の写し又は外国人登録証明書

三　営業所の平面図及び写真並びに付近見取図
四　専属することとなる責任技術者の第六条の九の規定により交付された責任技術者証の写し
五　次条第一項第二号で定める機械器具を有することを証する書類

（指定の基準）
第六条の三　市（町村）長は，第六条第一項の指定の申請をした者が次の各号のいずれにも適合していると認めるときは，同項の指定を行う。
一　営業所ごとに，次条第一項の規定により責任技術者として登録を受けた者が一名以上専属している者であること。
二　規則で定める機械器具を有する者であること。
三　○○都道府県内に営業所がある者であること。
四　次のいずれにも該当しない者であること。
イ　成年被後見人若しくは被保佐人又は破産者で復権を得ないもの
ロ　第六条の十三第一項の規定により指定を取り消され，その取消しの日から二年を経過しない者
ハ　その業務に関し不正又は不誠実な行為をするおそれがあると認めるに足りる相当の理由がある者
ニ　法人であって，その役員のうちにイからハまでのいずれかに該当する者があるもの
2　市（町村）長は，第六条第一項の指定をしたときは，遅滞なく，その旨を一般に周知させる措置をとる。

（排水設備工事責任技術者）
第六条の四　指定工事店は，営業所ごとに，次項各号に掲げる職務をさせるため，次条第一項に規定する排水設備工事責任技術者（以下「責任技術者」という。）の登録を受けている者のうちから，責任技術者を専属させなければならない。
2　責任技術者は，次に掲げる職務を誠実に行わなければならない。
一　排水設備等の新設等の工事に関する技術上の管理
二　排水設備等の新設等の工事に従事する者の技術上の指導監督
三　排水設備等の新設等の工事が排水設備等の設置及び構造に関する法令の規定に適合していることの確認
四　第七条第一項に規定する検査の立ち会い
3　排水設備等の新設等の工事に従事する者は，責任技術者がその職務として行

う指導に従わなければならない。

（責任技術者の登録）

第六条の五　市（町村）長は，第六条の四第一項において定める責任技術者についての登録を行う。

2　前項の登録の有効期間は，○年とする。

3　前項の有効期間満了に際し，引き続き登録を受けようとするときは，登録の更新を受けなければならない。

（責任技術者の登録の申請）

第六条の六　第六条の四第一項の登録を受けようとする者は，申請書に次に掲げる書類を添えて，これを市（町村）長に提出しなければならない。

一　住民票の写し又は外国人登録証明書の写し

二　次条第一項に規定する責任技術者認定試験に合格したことを証する書類

三　次条第二項各号のいずれにも該当しない者であることを誓約する書類

（責任技術者の登録の資格）

第六条の七　責任技術者認定試験に合格した者は，責任技術者の登録を受ける資格を有するものとする。

2　市（町村）長は，次の各号のいずれかに該当する者に対しては，責任技術者の登録を行わないことができる。

一　成年被後見人若しくは被保佐人又は破産者で復権を得ないもの

二　次項の規定により責任技術者の登録を取り消され，その日から二年を経過しない者

3　市（町村）長は，責任技術者の登録を受けている者が，この条例に違反したときは，その責任技術者の登録を取り消し，又は○月を超えない範囲内において，登録の効力を停止することができる。

（責任技術者認定試験）

第六条の八　責任技術者認定試験は，責任技術者として必要な知識及び技能について，○○が行う。

2　責任技術者認定試験の受験資格，試験科目，受験手続その他責任技術者認定試験の実施細目は，規則で定める。

（責任技術者証）

第六条の九　市（町村）長は，第六条の七第一項に定める登録資格を有する者から第六条の六の申請があったときは，責任技術者としての登録を行い，責任技術者証を交付する。

2　責任技術者は，排水設備等の新設等の工事の業務に従事するときは，常に責任技術者証を携帯し，市（町村）の職員の請求があったときは，これを提示しなければならない。

3　責任技術者は，第六条の七第三項の規定により登録を取り消されたときは，責任技術者証を遅滞なく市（町村）長に返納しなければならない。また，同項の規定により登録の効力を一時停止されたときは，その期間中責任技術者証を返納しなければならない。

4　前三項に規定するもののほか，責任技術者証の書換え交付，再交付に関し必要な事項は，規則で定める。

（指定工事店証）

第六条の十　市（町村）長は，指定工事店として指定を行った工事の事業を行う者に対し，排水設備指定工事店証（以下「指定工事店証」という。）を交付する。

2　指定工事店は，指定工事店証を営業所内の見やすい場所に掲げなければならない。

3　指定工事店は，第六条の十三第一項の規定により指定を取り消されたときは，遅滞なく市（町村）長に指定工事店証を返納しなければならない。また，同項の規定により指定の効力を一時停止されたときは，その期間中指定工事店証を返納しなければならない。

4　前三項に規定するもののほか，指定工事店証の書換え交付，再交付に関し必要な事項は，規則で定める。

（指定工事店の責務及び遵守事項）

第六条の十一　指定工事店は，下水道に関する法令，条例，規則が定めるところに従い適正な排水設備工事の施工に努めなければならない。

（変更の届出等）

第六条の十二　指定工事店は，営業所の名称及び所在地その他規則で定める事項に変更があったとき，又は排水設備等の新設等の工事の事業を廃止し，休止し，若しくは再開したときは，規則で定めるところにより，その旨を市（町村）長に届け出なければならない。

（指定の取消し又は一時停止）

第六条の十三　市（町村）長は，指定工事店が次に各号のいずれかに該当するときは，第六条第一項の指定を取り消し又は○月を超えない範囲内において指定の効力を停止することができる。

一　第六条の三第一項各号に適合しなくなったとき。

二　第六条の四第一項の規定に違反したとき。
三　第六条の十一に規定する指定工事店の責務及び遵守事項に従った適正な排水設備工事の施工ができないと認められるとき。
四　前条の規定による届出をせず，又は虚偽の届出をしたとき。
五　その施工する排水設備工事が，下水道施設の機能に障害を与え，又は与えるおそれが大であるとき。
六　不正の手段により第六条第一項の指定を受けたとき。

2　第六条の三第二項の規定は，前項の場合に準用する。

(排水設備等の工事の検査)

第七条　排水設備等の新設を行った者は，その工事を完了したときは，工事の完了した日から○○日以内にその旨を市（町村）長に届け出て，その工事が排水設備等の設置及び構造に関する法令の規定に適合するものであることについて，市（町村）の職員の検査を受けなければならない。

2　前項の検査をする職員は，同項の検査をした場合において，その工事が排水設備等の設置及び構造に関する法令の規定に適合していると認めたときは，当該排水設備等の新設等を行った者に対し，規則で定めるところにより，検査済証を交付するものとする。

第四章　公共下水道の使用

(除害施設の設置等)

第八条　法第十二条第一項の規定により，次に定める基準に適合しない下水を継続して排除して公共下水道を使用する者は，除害施設を設け，又は必要な措置をしなければならない。
一　温度　四十五度未満
二　水素イオン濃度　水素指数五を超え九未満
三　ノルマルヘキサン抽出物質含有量
イ　鉱油類含有量　一リットルにつき五ミリグラム以下
ロ　動植物油脂類含有量　一リットルにつき三十ミリグラム以下
四　沃（よう）素消費量　一リットルにつき二百二十ミリグラム未満

2　前項の規定は，一日当たりの平均的な下水の量が○○立方メートル未満である者には，適用しない。

(特定事業場からの下水の排除の制限)

第九条　特定事業場から下水を排除して公共下水道を使用する者は，法第十二条の二第三項及び第五項の規定により，次に定める基準に適合しない水質の下水を排除してはならない。

一　アンモニア性窒素，亜硝酸性窒素及び硝酸性窒素含有量一リットルにつき【三百八十】ミリグラム未満

二　水素イオン濃度　水素指数五を超え九未満

三　生物化学的酸素要求量　一リットルにつき五日間に六百ミリグラム未満

四　浮遊物質量　一リットルにつき六百ミリグラム未満

五　ノルマルヘキサン抽出物質含有量

イ　鉱油類含有量　一リットルにつき五ミリグラム以下

ロ　動植物油脂類含有量　一リットルにつき三十ミリグラム以下

六　窒素含有量　一リットルにつき［二百四十］ミリグラム未満

七　燐（りん）含有量　一リットルにつき［三十二］ミリグラム未満

2　特定事業場から排除される下水に係る前項に規定する水質の基準は，次の各号に掲げる場合においては，同項の規定にかかわらず，それぞれ当該各号に規定する緩やかな排水基準とする。

一　前項第一号，第六号又は第七号に掲げる項目に係る水質に関し，当該下水が当該公共下水道からの放流水又は当該流域下水道（雨水流域下水道を除く。）からの放流水に係る公共の水域又は海域に直接排除されたとした場合においては，水質汚濁防止法（昭和四十五年法律第百三十八号）の規定による環境省令により，又は同法第三条第三項の規定による条例により，当該各号に定める基準より緩やかな排水基準が適用されるとき。

二　前項第二号から第五号までに掲げる項目に係る水質に関し，当該下水が河川その他の公共の水域（湖沼を除く。）に直接排除されたとした場合においては，水質汚濁防止法の規定による環境省令により，当該各号に定める基準より緩やかな排水基準が適用されるとき。

（除害施設の設置等）

第十条　法第十二条の十一第一項の規定により，次に定める基準に適合しない下水（法第十二条の二第一項又は第五項の規定により公共下水道に排除してはならないこととされるものを除く。）を継続して排除して公共下水道を使用する者は，除害施設を設け，又は必要な措置をしなければならない。

一　カドミウム及びその化合物　一リットルにつきカドミウム（〇・〇三）ミリグラム以下

二　シアン化合物　一リットルにつきシアン（一）ミリグラム以下

三　有機燐（りん）化合物　一リットルにつき（一）ミリグラム以下
四　鉛及びその化合物　一リットルにつき鉛（〇・一）ミリグラム以下
五　六価クロム化合物　一リットルにつき六価クロム（〇・五）ミリグラム以下
六　砒（ひ）素及びその化合物　一リットルにつき砒（ひ）素（〇・一）ミリグラム以下
七　水銀及びアルキル水銀その他の水銀化合物一リットルにつき水銀（〇・〇〇五）ミリグラム以下
八　アルキル水銀化合物　検出されないこと。
九　ポリ塩化ビフェニル　一リットルにつき（〇・〇〇三）ミリグラム以下
十　トリクロロエチレン　一リットルにつき（〇・一）ミリグラム以下
十一　テトラクロロエチレン　一リットルにつき（〇・一）ミリグラム以下
十二　ジクロロメタン　一リットルにつき（〇・二）ミリグラム以下
十三　四塩化炭素　一リットルにつき（〇・〇二）ミリグラム以下
十四　一・二―ジクロロエタン　一リットルにつき（〇・〇四）ミリグラム以下
十五　一・一―ジクロロエチレン　一リットルにつき（一）ミリグラム以下
十六　シス―一・二―ジクロロエチレン　一リットルにつき（〇・四）ミリグラム以下
十七　一・一・一―トリクロロエタン　一リットルにつき（三）ミリグラム以下
十八　一・一・二―トリクロロエタン　一リットルにつき（〇・〇六）ミリグラム以下
十九　一・三―ジクロロプロペン　一リットルにつき（〇・〇二）ミリグラム以下
二十　テトラメチルチウラムジスルフィド（別名チウラム）一リットルにつき（〇・〇六）　ミリグラム以下
二十一　二―クロロ―四・六―ビスエチルアミノ―s―トリアジン（別名シマジン）一リットルにつき（〇・〇三）ミリグラム以下
二十二　S―四―クロロベンジル＝N・N―ジエチルチオカルバマート（別名チオベンカルブ）一リットルにつき（〇・二）ミリグラム以下
二十三　ベンゼン　一リットルにつき（〇・一）ミリグラム以下
二十四　セレン及びその化合物　一リットルにつきセレン（〇・一）ミリグラム以下

二十五　ほう素及びその化合物　河川その他の公共の水域を放流先とする公共下水道若しくは流域下水道（雨水流域下水道を除く。以下この項において同じ。）又は当該流域下水道に接続する公共下水道に下水を排除する場合にあっては一リットルにつきほう素（十）ミリグラム以下，海域を放流先とする公共下水道若しくは流域下水道又は当該流域下水道に接続する公共下水道に下水を排除する場合にあっては一リットルにつきほう素（二百三十）ミリグラム以下

二十六　ふつ素及びその化合物　河川その他の公共の水域を放流先とする公共下水道若しくは流域下水道又は当該流域下水道に接続する公共下水道に下水を排除する場合にあっては一リットルにつきふつ素（八）ミリグラム以下，海域を放流先とする公共下水道若しくは流域下水道又は当該流域下水道に接続する公共下水道に下水を排除する場合にあっては一リットルにつきふつ素（十五）ミリグラム以下

二十七　一・四—ジオキサン　一リットルにつき〇・五ミリグラム以下

二十八　フェノール類　一リットルにつき（五）ミリグラム以下

二十九　銅及びその化合物　一リットルにつき銅（三）ミリグラム以下

三十　亜鉛及びその化合物　一リットルにつき亜鉛（二）ミリグラム以下

三十一　鉄及びその化合物（溶解性）　一リットルにつき鉄（十）ミリグラム以下

三十二　マンガン及びその化合物（溶解性）　一リットルにつきマンガン（十）ミリグラム以下

三十三　クロム及びその化合物　一リットルにつきクロム（二）ミリグラム以下

三十四　ダイオキシン類　一リットルにつき｛十｝ピコグラム以下

三十五　温度　四十五度未満

三十六　アンモニア性窒素，亜硝酸性窒素及び硝酸性窒素含有量　一リットルにつき【三百八十】ミリグラム未満

三十七　水素イオン濃度　水素指数五を超え九未満

三十八　生物化学的酸素要求量　一リットルにつき五日間に六百ミリグラム未満

三十九　浮遊物質量　一リットルにつき六百ミリグラム未満

四十　ノルマルヘキサン抽出物質含有量

イ　鉱油類含有量　一リットルにつき（五）ミリグラム以下

ロ　動植物油脂類含有量　一リットルにつき（三十）ミリグラム以下

四十一　窒素含有量　一リットルにつき［二百四十］ミリグラム未満

四十二　燐含有量　一リットルにつき［三十二］ミリグラム未満

四十三　前各号に掲げる物質又は項目以外のもので条例により当該公共下水道（当該公共下水道が法第六条第四号に規定する流域関連公共下水道である場合には，当該公共下水道が接続する流域下水道）からの放流水に関する排水基準が定められたもの（第三十八号に掲げる項目に類似する項目及び大腸菌群数を除く。）当該排水基準に係る数値

2　前項の規定は，前項各号に掲げる物質又は項目のうち，規則で定めるものについては，一日当たりの平均的な下水の量が○○立方メートル未満である者には，適用しない。

（水質管理責任者制度）

第十一条　除害施設又は特定施設を設置した者は，規則で定めるところにより，その維持管理に関する業務を行う水質管理責任者を選任し，遅滞なく，その旨を市（町村）長に届け出なければならない。

（除害施設の設置等の届出）

第十二条　除害施設を設置し，休止し又は廃止しようとする者は，規則で定めるところにより，あらかじめ，その旨を市（町村）長に届け出なければならない。届け出た事項を変更しようとするときも，同様とする。

（排除の停止又は制限）

第十三条　市（町村）長は，公共下水道への排除が次の各号の一に該当するときは，排除を停止させ，又は制限することができる。

一　公共下水道を損傷するおそれがあるとき。

二　公共下水道の機能を阻害するおそれがあるとき。

三　前二号に掲げるもののほか，市（町村）長が管理上必要があると認めるとき。

（使用開始等の届出）

第十四条　使用者が公共下水道の使用を開始し，休止し，若しくは廃止し，又は現に休止しているその使用を再開しようとするときは，当該使用者は，規則で定めるところにより，あらかじめ，その旨を市（町村）長に届け出なければならない。ただし，雨水のみを排除して公共下水道を使用する場合は，この限りでない。

2　法第十一条の二，第十二条の三，第十二条の四又は第十二条の七の規定によ

る届出をした者は，前項の規定による届出をした者とみなす。

（使用料の徴収）

第十五条　市（町村）は，公共下水道の使用について，使用者から使用料を徴収する。

2　使用料は，毎使用月，その使用月における公共下水道の使用について，集金，納入通知書又は口座振替の方法により徴収する。

3　使用料は，毎使用月の終日の翌日から起算して○○日以内に納入しなければならない。

4　前二項の規定にかかわらず，市（町村）長は，土木建築に関する工事の施行に伴う排水のため公共下水道を使用する場合その他の公共下水道を一時使用する場合において必要があると認めるときは，使用料を前納させることができる。この場合において，使用料の精算及びこれに伴う追徴又は還付は，使用者から公共下水道の使用を廃止した旨の届出があったときその他市（町村）長が必要があると認めたときに行う。

（使用料の算定方法）

第十六条　使用料の額は，毎使用月において使用者が排除した汚水の量に応じ，次の表に定めるところにより算出した額（一円未満の端数は切り捨てる。）とする。

（表略）

2　使用者が排除した汚水の量の算定は，次の各号の定めるところによる。

一　水道水を排除した場合は，水道の使用水量とする。ただし，二以上の使用者が給水装置を共同で使用している場合においてそれぞれの使用者の使用水量を確知することができないときは，それぞれの使用者の使用の態様を勘案して市（町村）長が認定する。

二　水道水以外の水を排除した場合は，その使用水量とし，当該使用水量は使用者の使用の態様を勘案して市（町村）長が認定する。

三　製氷業その他の営業で，その営業に伴い使用する水の量がその営業に伴い公共下水道に排除する汚水の量と著しく異なるものを営む使用者は，規則で定めるところにより，毎使用月，その使用月に公共下水道に排除した汚水の量及びその算出の根拠を記載した申告書を，その使用月の末日から起算して○○日以内に市（町村）長に提出しなければならない。この場合においては，前二号の規定にかかわらず，市（町村）長は，その申告書の記載を勘案してその使用者の排除した汚水の量を認定するものとする。

3　使用者が使用月の中途において公共下水道の使用を開始し，休止し，若しくは廃止し，又は現に休止しているその使用を再開したときも，当該使用月の使用料は，一使用月として算定する。

（使用の態様の変更の届出）

第十六条の二　使用者は，水道水の排除に加えて水道水以外の水を排除することとなったとき，水道水以外の水を使用するための設備に変更があったときその他規則で定める使用の態様の変更があったときは，規則で定めるところにより，遅滞なくその旨を市（町村）長に届け出なければならない。

（資料の提出）

第十七条　市（町村）長は，使用料を算出するために必要な限度において，使用者から資料の提出を求めることができる。

第五章　雑　則

（改善命令）

第十八条　市（町村）長は，公共下水道の管理上必要があると認めるときは，排水設備又は除害施設の設置者若しくは使用者に対し，期限を定めて，排水設備又は除害施設の構造若しくは使用の方法の変更を命ずることができる。

（行為の許可）

第十九条　法第二十四条第一項の許可を受けようとする者は，規則で定めるところにより，申請書に次の各号に掲げる図面を添付して市（町村）長に提出しなければならない。許可を受けた事項の変更をしようとするときも，同様とする。

一　施設又は工作物その他の物件（排水設備を除く。以下「物件」という。）を設ける場所を表示した平面図

二　物件の配置及び構造を表示した図面

（許可を要しない軽微な変更）

第二十条　法第二十四条第一項の条例で定める軽微な変更は，公共下水道の施設の機能を妨げ，又はその施設を損傷するおそれのない物件で同項の許可を受けて設けた物件（地上に存する部分に限る。）に対する添加であって，同項の許可を受けた者が当該物件の設置の目的に付随して行うものとする。

（占用）

第二十一条　公共下水道の敷地，排水施設（これを補完する施設を含む。以下同じ。）又は終末処理場に物件（量水標等物件，電線等，熱交換器等及び接続設備を

除く。以下「占用物件」という。）を設け，継続して公共下水道の敷地，排水施設又は終末処理場を占用しようとする者は，規則で定めるところにより，次に掲げる事項を記載した申請書を提出して市（町村）長の許可を受けなければならない。許可を受けた事項を変更しようとするときも，同様とする。ただし，占用物件の設置について法第二十四条第一項の許可を受けたときは，その許可をもって占用の許可があったものとみなす。

一　占用の目的

二　占用の期間

三　占用の場所

四　占用物件の構造

五　工事実施の方法

六　工事の期間

七　公共下水道の施設の復旧の方法

2　市（町村）は，前項の許可を受けた者から，次の表に掲げる占用料を徴収することができる。

（表　略）

（暗渠の使用に係る調査）

第二十一条の二　公共下水道の排水施設の暗渠である構造の部分（以下単に「暗渠」という。）に量水標等物件，電線等又は熱交換器等を設け，継続して排水施設を使用しようとする者は，規則で定めるところにより，当該暗渠についての使用の可能性を確認する調査（以下単に「調査」という。）を市（町村）長に申請しなければならない。

2　市（町村）長は，前項に規定する調査の申請があった場合において，当該調査を行うことが必要であると認めるときは，調査の方法を当該調査を申請した者に指示するものとする。

（暗渠の使用）

第二十一条の三　暗渠に量水標等物件，電線等又は熱交換器等を設け，継続して排水施設を使用しようとする者は，規則で定めるところにより，次に掲げる事項を記載した申請書を提出して市（町村）長の許可を受けなければならない。許可を受けた事項を変更しようとするときも，同様とする。

一　暗渠の使用の目的（熱交換器等を設置する場合にあっては，下水熱利用の事業概要）

二　暗渠の使用の期間

三　暗渠の使用の場所及び量水標等物件，電線等又は熱交換器等の設置箇所
四　量水標等物件，電線等又は熱交換器等の構造
五　工事実施の方法
六　工事の期間
七　公共下水道の施設の復旧の方法

2　前条第一項に規定する調査を申請した者が自ら当該調査を行った場合においては，前項の申請書に当該調査の結果を記載した書面を添付しなければならない。

3　国，地方公共団体又は熱供給事業法（昭和四十七年法律第八十八号）第二条第三項に規定する熱供給事業者以外の者が熱交換器等を設置する場合においては，第一項の申請書に，次に掲げる事項を記載した書面を添付しなければならない。
一　工事費概算書
二　所要資金の調達方法及び借入金の返済計画を記載した書類
三　貸借対照表及び損益計算書
四　下水熱利用について知識及び経験を有する者の確保の状況を記載した書類
五　その他下水熱利用に関する計画，経理的基礎又は技術的能力を確認するために必要となる書類

（量水標等物件の設置に係る許可の基準）

第二十一条の四　市（町村）長は，量水標等物件の設置に係る前条の規定による申請があった場合において，当該申請が次に掲げる基準の全てに適合するときは，当該使用を許可することができる。
一　暗渠について使用の申請をする者（以下「申請者」という。）が設置しようとする量水標等物件が次に掲げる技術的基準に適合すること。
イ　量水標等物件を設置する箇所が下水の排除及び暗渠の管理上著しい支障を及ぼすおそれが少ない箇所であること。
ロ　量水標等物件を設置する管渠の断面積に占める当該量水標等物件の断面積の割合が下水の排除及び暗渠の管理上支障のないものであること。
ハ　量水標等物件の構造が堅牢で，かつ，表面が平滑であって，耐久性，耐蝕性及び耐水性のあるものであること。
ニ　量水標等物件の設置により砂，土，汚泥その他これらに類するものが堆積し下水の排除に著しい支障が生じることがないものであること。
ホ　量水標等物件は，原則として電圧のかからないものであること。

二　工事の実施方法は，次に掲げるところによること。

イ　公共下水道の管渠を一時閉じ塞ぐ必要があるときは，下水が外にあふれ出るおそれがない時期及び方法を選ぶこと。

ロ　その他公共下水道の施設又は他の施設若しくは工作物その他の物件の構造又は機能に支障を及ぼすおそれがないこと。

三　その他公共下水道の管理上支障とならないものであること。

四　前号に規定するもののほか，申請者による量水標等の設置に係る工事又は量水標等の維持管理の方法が，市（町村）長が示す工事又は維持管理の方法に係る条件及び留意事項に適合していること。

五　申請者がその責に帰すべき事由により暗渠の使用に係る許可の取消しを受けたこと（許可の取消しを受けた法人において，当該取消しがあった日前六十日以内に当該法人の役員（業務を執行する社員，取締役又はこれらに準ずる者をいい，相談役，顧問，その他いかなる名称を有する者であるかを問わず，法人に対し業務を執行する社員，取締役又はこれらに準ずる者と同等以上の支配力を有すると認められる者を含む。次号において同じ。）であったことを含む。）がないこと。

六　申請者が法人である場合，その役員のうちに前号に規定する許可の取消しを受けた者がいないこと。

七　申請者が個人である場合，その支配人のうちに第五号に規定する許可の取消しを受けた者がいないこと。

八　申請者が使用条件に違反しないと見込まれること。

九　暗渠の使用が道路法その他の公物管理に関する法令の規定の適用を受けるものにあっては，道路占用許可その他の公物の占用の許可等（変更の許可等を含む。）の取得が可能であると見込まれること。

2　市（町村）長は，申請者による使用の申請があった日から一月以内に使用の可否についての決定をするものとする。

3　市（町村）長は，前項に規定する期間内に使用の可否についての決定ができない場合又は第一項の許可をしない場合においては，その理由を付した書面をもって，申請者にその旨を通知するものとする。

4　市（町村）長は，第一項の許可を受けた者から，暗渠の使用に係る使用料（以下「暗渠使用料」という。）を徴収することができる。

（電線等の設置に係る許可の基準）

第二十一条の五　市（町村）長は，電線等の設置に係る第二十一条の三の規定による申請があった場合において，当該申請が次に掲げる基準の全てに適合するときは，当該使用を許可することができる。

一　申請者が設置しようとする電線等が次に掲げる技術的基準に適合すること。

イ　電線等を設置する箇所が下水の排除及び暗渠の管理上支障のない箇所であること。

ロ　電線等を設置する管渠の断面積に占める当該電線等の断面積の割合及び電線の本数が下水の排除及び暗渠の管理上支障のないものであること。

ハ　電線等の構造が堅牢で，かつ，表面が平滑であって，耐久性，耐蝕性及び耐水性のあるものであること。

ニ　電線等の設置により砂，土，汚泥その他これらに類するものが堆積し下水の排除に著しい支障が生じることがないものであること。

ホ　電線等は，原則として電圧のかからないものであること。

ヘ　その他公共下水道の管理上支障とならないものであること。

二　申請者による電線等の設置に係る工事又は電線等の維持管理の方法が，市（町村）長が示す工事又は維持管理の方法に係る条件及び留意事項に適合していること。

三　申請者がその責に帰すべき事由により暗渠の使用に係る許可の取消しを受けたこと（許可の取消しを受けた法人において，当該取消しがあった日前六十日以内に当該法人の役員（業務を執行する社員，取締役又はこれらに準ずる者をいい，相談役，顧問，その他いかなる名称を有する者であるかを問わず，法人に対し業務を執行する社員，取締役又はこれらに準ずる者と同等以上の支配力を有すると認められる者を含む。次号において同じ。）であったことを含む。）がないこと。

四　申請者が法人である場合，その役員のうちに前号に規定する許可の取消しを受けた者がいないこと。

五　申請者が個人である場合，その支配人のうちに第三号に規定する許可の取消しを受けた者がいないこと。

六　申請者が使用条件に違反しないと見込まれること。

七　暗渠の使用が道路法その他の公物管理に関する法令の規定の適用を受けるものにあっては，道路占用許可その他の公物の占用の許可等（変更の許可等を含む。）の取得が可能であると見込まれること。

八　使用の申請に係る暗渠において下水道の管理その他の公共目的の電線等を設置する具体的な計画があり，電線等を複数設置することが困難な場合においては，当該公共目的の電線等と一体的な設置が可能であると見込まれること。

2　第二十一条の四第二項から第四項までの規定は，暗渠に電線等を設置する場合について準用する。

（熱交換器等の設置に係る許可の基準）

第二十一条の六　市（町村）長は，熱交換器等の設置に係る第二十一条の三の規定による申請があった場合において，当該申請が次に掲げる基準の全てに適合するときは，当該使用を許可することができる。

一　申請者が設置しようとする熱交換器等が次に掲げる技術的基準に適合すること。

イ　熱交換器等を設置する箇所が下水の排除及び暗渠の管理上著しい支障を及ぼすおそれが少ない箇所であること。

ロ　熱交換器等を設置する管渠の断面積に占める当該熱交換器等の断面積の割合が下水の排除及び暗渠の管理上著しい支障を及ぼさないものであること。

ハ　熱交換器等の構造が堅牢で，かつ，表面が平滑であって，耐久性，耐蝕性及び耐水性のあるものであること。

ニ　地震によって公共下水道による下水の排除に支障が生じないよう可撓継手の設置その他の措置が講ぜられていること。

ホ　熱交換器等の設置により砂，土，汚泥その他これらに類するものが堆積し下水の排除に著しい支障が生じることがないものであること。

ヘ　熱交換器等は，原則として電圧のかからないものであること。

ト　熱交換器等の温度が過度に上昇又は低下する場合には，耐熱材等を設けること。

二　工事の実施方法は，次に掲げるところによること。

イ　公共下水道の管渠を一時閉じ塞ぐ必要があるときは，下水が外にあふれ出るおそれがない時期及び方法を選ぶこと。

ロ　その他公共下水道の施設又は他の施設若しくは工作物その他の物件の構造又は機能に支障を及ぼすおそれがないこと。

三　熱交換器の内部を流れる熱源水は，公共下水道に当該熱源水が流入した場合であっても，公共下水道の管理上著しい支障を及ぼすおそれがないものであること。

四　その他公共下水道の管理上支障とならないものであること。

五　第二号に規定するもののほか，申請者による熱交換器等の設置に係る工事又は熱交換器等の維持管理の方法が，市（町村）長が示す工事又は維持管理の方法に係る条件及び留意事項に適合していること。

六　申請者がその責に帰すべき事由により暗渠の使用に係る許可の取消しを受けたこと（許可の取消しを受けた法人において，当該取消しがあった日前六十日以内に当該法人の役員（業務を執行する社員，取締役又はこれらに準ずる者をいい，相談役，顧問，その他いかなる名称を有する者であるかを問わず，法人に対し業務を執行する社員，取締役又はこれらに準ずる者と同等以上の支配力を有すると認められる者を含む。次号において同じ。）であったことを含む。）がないこと。

七　申請者が法人である場合，その役員のうちに前号に規定する許可の取消しを受けた者がいないこと。

八　申請者が個人である場合，その支配人のうちに第六号に規定する許可の取消しを受けた者がいないこと。

九　申請者が使用条件に違反しないと見込まれること。

十　暗渠の使用が道路法その他の公物管理に関する法令の規定の適用を受けるものにあっては，道路占用許可その他の公物の占用の許可等（変更の許可等も含む。）の取得が可能であると見込まれること。

2　第二十一条の四第二項から第四項までの規定は，暗渠に熱交換器等を設置する場合について準用する。

（許可の条件）

第二十一条の七　市（町村）長は，第二十一条の四第一項，第二十一条の五第一項又は前条第一項の許可をするときは，次に掲げる事項について，許可する際の条件に定めるものとする。

一　第二十一条の四第一項，第二十一条の五第一項又は前条第一項の許可を受けた者（以下「使用者」という。）は，市（町村）長に対して自己の責に帰すべき事由により暗渠の使用の中止を求める場合には，当該使用者の負担により量水標等物件，電線等又は熱交換器等を除却し，公共下水道を原状に回復しなければならないこと。

二　使用者は，暗渠の使用期間を満了した際に使用の更新の申請をしない場合には，当該使用者の負担により量水標等物件，電線等又は熱交換器等を除却し，公共下水道を原状に回復しなければならないこと。

三　使用者は，使用の許可が取り消された場合には，当該使用者の負担により量水標等物件，電線等又は熱交換器等を除却し，公共下水道を原状に回復しなければならないこと。

四　使用者は，熱源として利用する前の下水と熱源として利用した後の下水の温度の差の最大値を，熱交換器等の設置に係る第二十一条の三の申請書において示した値よりも減少しようとする場合は，事前に市（町村）長に届け出ること。

五　使用者は，熱源として利用する前の下水と熱源として利用した後の下水の温度の差の測定結果を取りまとめて，少なくとも毎年一回，これを公共下水道管理者に報告しなければならないこと。

（占用期間）

第二十一条の八　第二十一条第一項の規定による占用の期間は，五年以内とする。

（使用期間等）

第二十一条の九　第二十一条の三第一項の規定による使用の期間は，五年以内とする。

2　市（町村）長は，使用者が使用の期間を満了する前に，引き続き暗渠に量水標等物件，電線等又は熱交換器等を設け，継続して排水施設を使用する申請をした場合において，当該申請がそれぞれ，第二十一条の四第一項，第二十一条の五第一項又は第二十一条の六第一項に規定する基準に適合するときは，当該更新の申請を許可するものとする。ただし，市（町村）長が当該更新の許可をしないことについて合理的な理由があると認めた場合は，この限りでない。

（使用の許可の取消し）

第二十一条の十　市（町村）長は，次の各号のいずれかに該当する場合は，使用者の使用の許可を取り消すことができる。

一　使用者が暗渠に設置した量水標等物件，電線等，熱交換器等がそれぞれ第二十一条の四第一項，第二十一条の五第一項又は第二十一条の六第一項に規定する基準に該当しなくなった場合

二　使用者が暗渠使用料を支払わなかった場合

三　使用者が使用期間中に使用の許可を受けた暗渠を使用している実態がない場合

四　使用者が暗渠の使用に係る虚偽の申請を行うことによって使用の許可を受けた場合

五　使用の申請内容と使用している実態が過度に異なる場合

六　使用者が使用条件に違反した場合

七　前各号に掲げる場合のほか，市（町村）長が使用期間中に公益上やむを得

ない理由により量水標等物件，電線等又は熱交換器等について撤去の必要があると判断した場合

（下水熱利用に係る接続設備設置の許可申請）

第二十一条の十一　公共下水道の排水施設又は終末処理場に接続設備を設け，継続して下水熱利用をしようとする下水熱利用事業者は，規則で定めるところにより，次に掲げる事項を記載した申請書を提出して市（町村）長の許可を受けなければならない。許可を受けた事項を変更（第二十一条の十三で定める軽微な変更を除く。）しようとするときも，同様とする。

一　下水熱利用の事業概要

二　下水熱利用の接続設備の設置期間

三　接続設備の設置場所及び設置箇所

四　下水熱利用設備及び接続設備の構造

五　工事実施の方法

六　工事の期間

七　公共下水道の施設の復旧の方法

八　未処理下水を熱源とする熱を利用しようとする場合には，その根拠となる法令の条項

九　流入させる未処理下水に凝集剤又は洗浄剤を混入することとなる場合は，当該凝集剤又は　洗浄剤の種類，混入量等

（下水熱利用に係る接続設備の設置許可の基準）

第二十一条の十二　市（町村）長は，前条に規定する申請（以下「下水熱利用許可申請」という。）があった場合において，当該下水熱利用許可申請が次に掲げる基準の全てに適合するときは，許可をすることができる。

一　下水熱利用許可申請に係る事項が次に掲げる技術的基準に適合すること。

イ　接続設備の位置は，次に掲げるところによること。

(1)　公共下水道から下水を取水するために設ける接続設備は，当該公共下水道による下水の排除又は処理に著しい支障を及ぼすおそれが少ない箇所に設けること。

(2)　公共下水道に下水を流入させるために設ける接続設備は，流入する下水の水勢により当該公共下水道を損傷するおそれが少ない箇所に設けること。

ロ　下水熱利用設備及び接続設備の構造は，次に掲げるところによること。

(1)　堅固で耐久力を有するとともに，公共下水道の施設又は他の施設若し

くは工作物その他の物件の構造に支障を及ぼさないものであること。

⑵　コンクリートその他の耐水性の材料で造り，かつ，漏水及び地下水の侵入を最小限度のものとする措置が講ぜられていること。

⑶　下水熱利用設備のうち未処理下水を熱源とする熱を利用するためのもの及びその接続設備（以下「未処理下水熱利用設備等」という。）の管渠は，暗渠とすること。ただし，下水熱利用設備を有する建築物内においては，この限りでない。

⑷　屋外にあるもの（管渠を除く。）にあっては，人の立入りを制限する措置が講ぜられていること。

⑸　未処理下水熱利用設備等のうち屋外にあるもの（管渠を除く。）にあっては，覆い又は柵の設置その他未処理下水の飛散を防止する措置が講ぜられていること。

⑹　下水により腐食するおそれのある部分にあっては，ステンレス鋼その他の腐食しにくい材料で造り，又は腐食を防止する措置が講ぜられていること。

⑺　地震によって公共下水道による下水の排除及び処理に支障が生じないよう可撓継手の設置その他の措置が講ぜられていること。

⑻　管渠の清掃上必要な個所にあっては，ます又はマンホールを設けること。

⑼　ます又はマンホールには，蓋を設けること。ただし，未処理下水熱利用設備等の管渠に設けるます又はマンホールの蓋にあっては，密閉できるものでなければならない。

⑽　未処理下水熱利用等の管渠の清掃のために設けたますの底には，その接続する管渠の内径又は内のり幅に応じ相当の幅のインバートを設けること。

⑾　未処理下水を一時的に貯留するものにあっては，臭気の発散により生活環境の保全上支障が生じないようにするための措置が講ぜられていること。

⑿　公共下水道から取水する下水の量及び当該公共下水道に流入させる下水の量を調節するための設備を設けること。

ハ　工事の実施方法は，次に掲げるところによること。

⑴　公共下水道の管渠を一時閉じ塞ぐ必要があるときは，下水が外にあふれ出るおそれがない時期及び方法を選ぶこと。

(2) 公共下水道に下水を流入させるために設ける接続設備は，ますその他の排水施設に突出させないで設けるとともに，その設けた箇所からの漏水を防止する措置を講ずること。

(3) その他公共下水道の施設又は他の施設若しくは工作物その他の物件の構造又は機能に支障を及ぼすおそれがないこと。

ニ 公共下水道から取水する下水の量は，当該公共下水道による下水の排除又は処理に著しい支障を及ぼさないものであること。

ホ 第二十一条の九第九号の凝集剤又は洗浄剤の種類，混入量等が公共下水道の管理上著しい支障を及ぼすおそれがないこと。

ヘ その他公共下水道の管理上支障とならないものであること。

二 前号ハに規定するもののほか，下水熱利用許可申請をする者（以下「下水熱利用許可申請者」という。）による下水熱利用設備及び接続設備に係る工事又は維持管理の方法が，市（町村）長が示す工事又は維持管理の方法に係る条件及び留意事項に適合していること。

三 下水熱利用許可申請に係る下水熱利用設備又は接続設備の設置が道路法その他の公物管理に関する法令の規定の適用を受けるものにあっては，道路占用許可その他の公物の占用の許可等（変更の許可等も含む。）の取得が可能であると見込まれること。

2 市（町村）長は，下水熱利用許可申請者による下水熱利用許可申請があった日から○月以内に下水熱利用に係る接続設備の設置の可否についての決定をするものとする。

3 市（町村）長は，前項に規定する期間内に下水熱利用に係る接続設備の設置の可否についての決定ができない場合においては，その理由を付した書面をもって，下水熱利用許可申請者にその旨を通知するものとする。

4 市（町村）長は，第一項の許可をしない場合においては，その理由を付した書面をもって，下水熱利用許可申請者にその旨を通知するものとする。

5 市（町村）長は，第一項の許可を受けた者（以下「許可事業者」という。）から下水熱利用に係る利用料（以下「下水熱利用料」という。）を徴収することができる。

（軽微な変更）

第二十一条の十三 第二十一条の十一に規定する軽微な変更は，公共下水道の施設の機能を妨げ，又はその施設を損傷するおそれのない物件で，同条に規定する許可を受けて設けた物件（地上に存する部分に限る。）に対する添加であって，許可事業者が当該物件の設置の目的に付随して行うものとする。

（許可の条件）

第二十一条の十四　市（町村）長は，第二十一条の十一に規定する許可をするときは，次に掲げる事項について，許可する際の条件に定めるものとする。

一　許可事業者は，市（町村）長に対して自己の責に帰すべき事由により下水熱利用の中止を求める場合には，当該許可事業者の負担により接続設備を撤去し，公共下水道を原状に回復しなければならないこと。

二　許可事業者は，接続設備の設置期間を満了した際に許可の更新の申請をしない場合には，当該許可事業者の負担により接続設備を撤去し，公共下水道を原状に回復しなければならないこと。

三　許可事業者は，第二十一条の十一に規定する許可が取り消された場合には，当該許可事業者の負担により接続設備を撤去し，公共下水道を原状に回復しなければならないこと。

四　許可事業者は，取水する下水の量の最大値を，下水熱利用許可申請において示した値よりも減少しようとする場合，又は取水する下水と流入させる下水の温度の差の最大値を，下水熱利用許可申請において示した値よりも減少しようとする場合は，事前に市（町村）長に届け出ること。

五　許可事業者は，接続設備により公共下水道から取水する下水と同程度の水質（水温を除く。）及び水量の下水を当該公共下水道に流入させること。

六　許可事業者は，取水量，当該量の時間最大値並びに取水した下水及び流入させる下水の温度の測定結果を取りまとめて，少なくとも毎年一回，これを公共下水道管理者に報告しなければならないこと。

（下水熱利用の接続設備の設置期間等）

第二十一条の十五　第二十一条の十一第二号の規定による下水熱利用の接続設備の設置期間は，○年以内とする。

2　市（町村）長は，許可事業者が下水熱利用の接続設備の設置期間を満了する前に，引き続き継続して接続設備の設置に係る申請をした場合において，当該申請が第二十一条の十二第一項に規定する基準に適合するときは，当該更新の申請を許可するものとする。ただし，市（町村）長が当該更新の許可をしないことについて合理的な理由があると認めた場合は，この限りでない。

（許可の取消し）

第二十一条の十六　市（町村）長は，次の各号のいずれかに該当する場合は，許可事業者の接続設備の設置許可を取り消すことができる。

一　許可事業者が公共下水道に設けた接続設備及び下水熱利用設備が第二十一条の十二第一項ロに規定する基準に該当しなくなった場合
二　許可事業者が下水熱利用料を支払わなかった場合
三　接続設備の設置期間中に許可事業者による下水熱利用の実態がない場合
四　許可事業者が虚偽の下水熱利用許可申請を行うことによって第二十一条の十一に規定する許可を受けた場合
五　下水熱利用許可申請の内容と下水熱利用の実態が過度に異なる場合
六　許可事業者が第二十一条の十四に規定する許可の条件に違反した場合
七　前各号に掲げる場合のほか，市（町村）長が接続設備の設置期間中に公益上やむを得ない理由により接続設備について撤去の必要があると判断した場合

（原状回復）

第二十二条　第二十一条第一項の許可を受けた者は，その許可により占用物件を設けることができる期間が満了したとき又は当該占用物件を設ける必要がなくなったときは，当該占用物件を除却し，公共下水道の施設を原状に回復しなければならない。ただし，市（町村）長が原状に回復することが不適当であると認めたときは，この限りでない。

2　市（町村）長は，第二十一条第一項の占用の許可を受けた者に対して，前項の規定による原状の回復又は原状に回復することが不適当な場合の措置について必要な指示をすることができる。

3　市（町村）長は，使用期間が満了したとき又は使用者が暗渠を使用する必要がなくなったときは，当該使用者に対して，第二十一条の七の規定に基づき定めた原状回復について必要な指示をすることができる。

4　市（町村）長は，第二十一条の七の規定に基づき定めた原状回復に係る条件の内容にかかわらず，使用期間が満了した場合又は使用者が暗渠を使用する必要がなくなった場合において，公共下水道を原状に回復することが不適当であると認めたときは，使用者に対して，必要な指示をすることができる。

（浸水被害対策区域の指定）

第二十二条の二　法第二十五条の二に規定する浸水被害対策区域は，別表第一及び別表第二に掲げる区域とする。

2　次条及び第二十二条の四の規定は，別表第一及び別表第二に掲げる区域内の土地に係る排水設備に適用する。

（排水に関する技術上の基準）

第二十二条の三　法第二十五条の二の規定により，法第十条第三項の政令で定める技術上の基準に代えて排水設備に適用すべき排水に関する技術上の基準は，次のとおりとする。

一　排水設備の接続の方法は，第四条第一号から第三号までに規定する基準の例によること。

二　排水設備は，堅固で耐久力を有する構造とすること。

三　排水設備は，陶器，コンクリート，れんがその他の耐水性の材料で造ること。

四　排水設備（雨水を地下に浸透させる機能を備えるものを除く。）は，漏水を最小限度のものとする措置が講ぜられていること。

五　分流式の公共下水道に下水を流入させるために設ける排水設備は，汚水と雨水とを分離して排除する構造とすること。

六　管渠の勾配は，やむを得ない場合を除き，百分の一以上とすること。

七　排水管の内径及び排水渠の断面積は，第四条第四号及び第五号に規定する基準の例によること。

八　汚水（冷却の用に供した水その他の汚水で雨水と同程度以上に清浄であるものを除く。以下この条において同じ。）を排除すべき排水渠は，暗渠とすること。ただし，製造業又はガス供給業の用に供する建築物内においては，この限りでない。

九　暗渠である構造の部分の次に掲げる箇所には，ます又はマンホールを設けること。

イ　もっぱら雨水を排除すべき管渠の始まる箇所

ロ　下水の流路の方向又は勾配が著しく変化する箇所。ただし，管渠の清掃に支障がないときは，この限りでない。

ハ　管渠の長さがその内径又は内のり幅の百二十倍を超えない範囲内において管渠の清掃上適当な箇所

十　ます又はマンホールには，ふた（汚水を排除すべきます又はマンホールにあっては，密閉することができるふた）を設けること。

十一　ますの底には，もっぱら雨水を排除すべきますにあっては深さが十五センチメートル以上のどろためを，その他のますにあってはその接続する管渠の内径又は内のり幅に応じ相当の幅のインバートを設けること。

十二　汚水を一時的に貯留する排水設備には，臭気の発散により生活環境の保全上支障が生じないようにするための措置が講ぜられていること。

（雨水の一時的な貯留又は地下への浸透に関する技術上の基準）

第二十二条の四　法第二十五条の二の規定により，下水道法第十条第三項の政令で定める技術上の基準に代えて排水設備に適用すべき雨水の一時的な貯留又は地下への浸透に関する技術上の基準は，次のとおりとする。

一　別表第一に掲げる区域内の土地に係る排水設備は，次に掲げる基準のいずれかに適合するものであること。

イ　当該土地の面積○○平方メートルにつき一個（一個に満たない端数は，切り捨てるものとする。）の別紙第一に定める仕様の雨水浸透ますを備えた構造とすること又はこれと同程度以上に雨水を地下に浸透させることができる性能を有する構造とすること。

ロ　当該土地の面積一平方メートルにつき○○立法メートルの容量を有する別紙第二に定める仕様の雨水貯留槽を備えた構造とすること又はこれと同程度以上に雨水を一時的に貯留することができる性能を有する構造とすること。

二　別表第二に掲げる区域内の土地に係る排水設備（面積○○平方メートル以上の土地に係るものに限る。）は，前号ロに掲げる基準に適合するものであること。

（手数料）

第二十三条　市（町村）は，次の各号に掲げる事務について，当該事務の申請者から，当該各号に定める額の手数料を徴収する。

一　責任技術者の登録　一件につき○○円

二　指定工事店の指定　一件につき○○円

2　前項の手数料は，申請の際に徴収する。

3　既納の手数料は，返還しない。

（使用料等の督促）

第二十四条　市（町村）長は，この条例及び法の規定により徴収する使用料その他の収入（以下「使用料等」という。）を納期限までに納付しない者があるときは，納期限後○○日以内に，規則で定める督促状を発行して督促する。

2　前項の督促状に指定すべき納付の期限は，その発行の日から○○日以内とする。

3　督促状を発行した場合は，一通につき○○円の督促手数料を徴収する。

4　使用料等に関して督促をした場合は，当該使用料等の金額に，その納期限の翌日から納付の日までの期間の日数に応じ，その金額に年○○・○パーセント

（督促状に指定する期限までの期間については，年○○・○パーセント）の割合を乗じて計算した金額に相当する延滞金額を加算して徴収する。

（使用料等の減免）

第二十五条　市（町村）長は，公益上その他特別の事情があると認めたときは，この条例で定める使用料等，督促手数料又は延滞金を減免することができる。

（規則への委任）

第二十六条　この条例で定めるもののほか，この条例の施行に関し必要な事項は，規則で定める。

第六章　罰則

（罰則）

第二十七条　次の各号に掲げる者は，五万円以下の過料に処する。

一　第五条の規定による確認を受けないで排水設備等の新設等を行った者

二　第六条の規定に違反して排水設備等の新設等の工事を実施した者

三　偽りその他不正な手段により第六条の五に規定する責任技術者の登録を受けた者

四　排水設備等の新設等を行って第七条第一項の規定による届出を同項に規定する期間内に行わなかった者

五　第八条又は第十条の規定に違反した使用者

六　第十二条の規定による届出を怠った者

七　第十七条の規定による資料の提出を求められてこれを拒否し，又は怠った者

八　第十八条に規定する命令に違反した者

九　第二十二条第二項，第三項及び第四項の規定による指示に従わなかつた者

十　第五条第一項，第十九条の規定による申請書又は図書，第五条第二項本文，第十二条，第十四条，第十六条の二の規定による届出書，第十六条第二項第三号の規定による申告書又は第十七条の規定による資料で不実の記載のあるものを提出した申請者，届出者，申告者又は資料の提出者

第二十八条　偽りその他不正な手段により使用料等の徴収を免れた者は，その徴収を免れた金額の五倍に相当する金額（当該五倍に相当する金額が五万円を超えないときは，五万円とする。）以下の過料に処する。

第二十九条　法人の代表者又は法人若しくは人の代理人，使用人その他の従業員が，その法人又は人の業務に関して前二条の違反行為をしたときは，行為者を

罰するほか，その法人又は人に　対しても，各本条の過料を科する。

附　則

（施行期日）

この条例は，公布の日から起算して○○月を超えない範囲内で規則で定める日から施行する。

（注）一　第八条，第九条及び第十条に示す物質又は項目の数値は，下水道法施行令第九条の四，第九条の五及び第九条の十一に規定された上限値である。したがって，処理場の能力，流入水の状況等に応じて数値を定める必要がある。

二　【　】内の数字については，水質汚濁防止法第三条第三項の規定による条例に別の定めがある場合は，その基準に三・八を乗じて得た数値とする。

三　［　］内の数字については，第九条にあっては水質汚濁防止法第三条第三項の規定による条例に，第十条にあっては同法第三条第三項の規定による条例その他の条例に別の定めがある場合は，その基準に二を乗じて得た数値とする。

四　（　）内の数字については，水質汚濁防止法第三条第三項の規定による条例に別の定めがある場合は，その基準とする。

五　｛　｝内の数字については，ダイオキシン類対策特別措置法第八条第三項の規定による条例に別の定めがある場合は，その基準とする。

別添

下水道占用・使用許可申請書

新規　　　　（番号）
更新　　　年　月　日
変更

平成　年　月　日
〒
住所
氏名　　　　　　　印
担当者
ＴＥＬ

下水道条例の規定により許可を申請します。

占用・使用の目的			
占用・使用の場所	路線名	場所	
	設置箇所		
占用・使用物件	名称	規模	数量
占用・使用期間	平成　年　月　日から 平成　年　月　日まで　間	占用物件・電線等の構造	
工事の期間	平成　年　月　日から 平成　年　月　日まで　間	工事実施の方法	
復旧方法		添付書類	
備考			

記載要領

1　占用・使用の別を○で囲むこと。

2　新規，更新，変更については，該当するものを○で囲み，更新，変更の場合には，従前の許可書の番号及び年月日を記載すること。

3　申請者が法人である場合には，「住所」の欄には主たる事務所の所在地，「氏名」の欄には名称及び代表者の氏名を記載するとともに，「担当者」の欄に所属，氏名を記載すること。

4 「場所」の欄には，地番まで記載すること。占用・使用が２以上の地番にわたる場合には，起点と終点を記載すること。

5 「設置箇所」の欄には下水道施設内の設置箇所を記載すること。

6 「占用物件・電線等の構造」の欄には，占用物件・電線等の形状，性状等規模以外の構造について記載すること。

7　変更の許可申請にあっては，関係する欄の下部に変更後のものを記載し，上部に変更前のものを（　）書きすること。

8 「添付書類」の欄には，調査の結果を記載した書面，占用・使用の場所，物件の構造等を明らかにした図面その他必要な書類を添付した場合にその書類名を記載すること。

収録裁判例一覧

第1章　下水道の概要

第3　公共下水道等

第4　下水道と似て非なるもの

第2章　下水道法に関係する法律

第1　環境基本法

第3章　公共下水道事業

第4　利用関係

第5　排水の規制

第6　料　金

第６章　下水道工事に伴う近隣への対応

第２　法的責任

第７章　下水道施設の管理に伴う問題

第３　下水道施設の損傷

第４　第三者に対する損害

第７　購入した土地の土壌汚染

事項索引

さ

た

著 者 紹 介

本 多　教 義（ほんだ　みちよし）

弁護士（銀座プライム法律事務所）

1985年　早稲田大学政治経済学部政治学科卒業

　　　　東京都入都

2003年　司法修習生

2009年　東京都退職、弁護士登録

2011年～東京都下水道局訟務員

【主要著書】

『（加除式書籍）自治体法務サポート　行政訴訟の実務』（共著，第一法規）

『（加除式書籍）自治体職員のための事例解説　債権管理・回収の手引き』（共著，第一法規）

『自治体が原告となる訴訟の手引き　財産管理・契約編―公有財産の管理と契約の実務』（共著，日本加除出版，2020）

QA自治体の下水道に関する法律実務
ー関係法律、公共下水道事業・整備、工事請負契約、近隣対応

2021年7月27日　初版発行

著　者　本　多　教　義
発行者　和　田　　裕

発行所　日本加除出版株式会社
本　社　郵便番号 171-8516
東京都豊島区南長崎3丁目16番6号
TEL (03)3953-5757（代表）
(03)3952-5759（編集）
FAX (03)3953-5772
URL www.kajo.co.jp

営業部　郵便番号 171-8516
東京都豊島区南長崎3丁目16番6号
TEL (03)3953-5642
FAX (03)3953-2061

組版 ㈱粂川印刷 ／ 印刷 ㈱亨有堂印刷所 ／ 製本 牧製本印刷㈱

落丁本・乱丁本は本社でお取替えいたします。
★定価はカバー等に表示してあります。

ISBN978-4-8178-4741-6